教科ガイド

ガイド

啓林館 版

数学Ⅰ

T E X T

B O O K

G U I D E

文研出版

JN059134

目 次

第1章　数と式

第1節　多項式

1　多項式とその加法，減法

☑ **問 1** 次の単項式の次数と係数を答えよ。

教科書 **p.8**　(1)　$-2x$　　　(2)　x^2　　　(3)　$-3x^2y^2$

- -

ガイド　数や文字，およびそれらを掛け合わせた式を**単項式**といい，掛け合わせている文字の個数をその単項式の**次数**，数の部分を**係数**という。

解答　(1)　**次数は1，係数は-2**　　(2)　**次数は2，係数は1**
(3)　**次数は4，係数は-3**

☑ **問 2** 次の単項式の [　] 内の文字に着目したときの次数と係数を答えよ。

教科書 **p.8**　(1)　$5x^3y$　$[x]$，$[y]$　　　(2)　axy　$[x]$，$[y]$，$[x と y]$

- -

ガイド　2種類以上の文字を含む単項式では，着目した文字以外は数と同じように扱う。

解答　(1)　$[x]$ **次数は3，係数は$5y$**　(2)　$[x]$ **次数は1，係数はay**
$[y]$ **次数は1，係数は$5x^3$**　　　$[y]$ **次数は1，係数はax**
$[x と y]$ **次数は2，係数はa**

☑ **問 3** 次の多項式はxについて何次式か。また，各項の係数と定数項を答えよ。

教科書 **p.9**　(1)　$2x^3-x^2-1$　　　(2)　$x^2+(a+b)x+ab$

- -

ガイド　単項式の和として表される式を**多項式**といい，その1つ1つの単項式をその多項式の**項**という。単項式も項が1つの多項式と考え，多項式は**整式**ともいう。多項式では，各項の次数のうちで最大のものをその多項式の**次数**といい，次数がnの多項式を**n次式**という。
また，着目する文字を含まない項を**定数項**という。

解答　(1)　**3次式，x^3の係数は2，x^2の係数は-1，定数項は-1**
(2)　**2次式，x^2の係数は1，xの係数は$a+b$，定数項はab**

☑ **問 4** 次の多項式は，[ ] 内の文字について，それぞれ何次式か答えよ。

教科書 **p.9**

(1) $x^4-x^3y^2$　　　　　[x]，[y]，[x と y]

(2) $x^4+ax^3y+axy^2+y^3$　[x]，[y]，[x と y]

ガイド 着目する文字によって，次数や各項の係数，定数項は異なってくる。

解答 (1) [x] 4 次式　[y] 2 次式　[x と y] 5 次式

(2) [x] 4 次式　[y] 3 次式　[x と y] 4 次式

☑ **問 5** 次の多項式を，x について降べきの順に整理せよ。

教科書 **p.9**

(1) $3x^2-5x+6-5x^2+2x-3$　　(2) $2bx+x^3+5c-ax^2+bx$

ガイド 多項式において，文字の部分が同じである項を **同類項** という。

多項式は，まず，同類項をまとめ，各項を次のどちらかの順に並べて整理することが多い。

① 次数の高い方から順に並べる。(**降べきの順** という。)

② 次数の低い方から順に並べる。(**昇べきの順** という。)

解答 (1) $3x^2-5x+6-5x^2+2x-3=(3-5)x^2+(-5+2)x+(6-3)$

$$=-2x^2-3x+3$$

(2) $2bx+x^3+5c-ax^2+bx=x^3-ax^2+(2b+b)x+5c$

$$=x^3-ax^2+3bx+5c$$

⚠注意 (2) $2bx+x^3+5c-ax^2+bx=x^3-ax^2+(2x+x)b+5c$

$$=x^3-ax^2+3xb+5c$$

とするのはよくない。着目している文字は x であるから，$2bx$，bx の係数はあくまでも $2b$，b とみて，同類項としてまとめる。

☑ **問 6** 次の多項式を x について降べきの順に整理し，各項の係数と定数項を答えよ。

教科書 **p.10**

(1) $x^2+2xy+y^2-3x-3y+2$

(2) $-3x^2-xy+2y^2-2x+y-1$

ガイド x に着目して，同類項をまとめ，次数の高い方から順に並べる。

解答 (1) 整理すると，$x^2+(2y-3)x+y^2-3y+2$

この多項式は x について 2 次式で，

x^2 の係数は 1，x の係数は $2y-3$，定数項は y^2-3y+2

(2)　整理すると，　　$-3x^2+(-y-2)x+2y^2+y-1$

　　この多項式は x について 2 次式で，

　　　　x^2 の係数は -3，　x の係数は $-y-2$，　定数項は $2y^2+y-1$

☐ **問 7**　次の多項式 A，B について，$A+B$，$A-3B$ を求めよ。

教科書 **p.10**

(1)　$A=4x^2+3x+1$，　　　　$B=x^2+x+2$

(2)　$A=2x^3-3x^2+x-1$，　$B=-3x^3+2x^2+2$

ガイド　多項式の定数倍は，各項の係数を定数倍する。

　　このとき，符号を間違えないように，かっこでくくるとよい。

解答　(1)　$A+B=(4x^2+3x+1)+(x^2+x+2)$

　　　　　　　　$=(4+1)x^2+(3+1)x+(1+2)$

　　　　　　　　$=5x^2+4x+3$

　　　　$A-3B=(4x^2+3x+1)-3(x^2+x+2)$

　　　　　　　　$=4x^2+3x+1-3x^2-3x-6$

　　　　　　　　$=(4-3)x^2+(3-3)x+(1-6)$

　　　　　　　　$=x^2-5$

　　(2)　$A+B=(2x^3-3x^2+x-1)+(-3x^3+2x^2+2)$

　　　　　　　　$=(2-3)x^3+(-3+2)x^2+x+(-1+2)$

　　　　　　　　$=-x^3-x^2+x+1$

　　　　$A-3B=(2x^3-3x^2+x-1)-3(-3x^3+2x^2+2)$

　　　　　　　　$=2x^3-3x^2+x-1+9x^3-6x^2-6$

　　　　　　　　$=(2+9)x^3+(-3-6)x^2+x+(-1-6)$

　　　　　　　　$=11x^3-9x^2+x-7$

参考　次のように同類項を上下に並べて計算してもよい。

別解　(1)　$A+B$　　　　　　　　　　(2)　$A+B$

$$\begin{array}{r}4x^2+3x+1\\ +)\ x^2+\ x+2\\ \hline 5x^2+4x+3\end{array}\qquad\begin{array}{r}2x^3-3x^2+x-1\\ +)-3x^3+2x^2\ \ \ \ +2\\ \hline -\ x^3-\ x^2+x+1\end{array}$$

$A-3B$　　　　　　　　　　　　$A-3B$

$3B=3x^2+3x+6$ より，　　　　$3B=-9x^3+6x^2+6$ より，

$$\begin{array}{r}4x^2+3x+1\\ -)3x^2+3x+6\\ \hline x^2\ \ \ \ \ -5\end{array}\qquad\begin{array}{r}2x^3-3x^2+x-1\\ -)-9x^3+6x^2\ \ \ \ +6\\ \hline 11x^3-9x^2+x-7\end{array}$$

2 多項式の乗法

□ **問 8** ▶ 次の計算をせよ。

教科書 **p.11**

(1)　$a^3 \times 4a^5$

(2)　$2x^3y^2 \times (-5x^4y)$

(3)　$(-2x^3y^2)^3$

(4)　$x^2y \times (-3x^3y^2)^2$

- -

ガイド　n 個の a の積を表す a^n の n の部分を a^n の**指数**という。

a, a^2, a^3, ……をまとめて，a の**累乗**という。

> **ここがポイント** ☞ [指数法則]
>
> 　m，n が正の整数のとき，
>
> ① $a^m \times a^n = a^{m+n}$
>
> ② $(a^m)^n = a^{mn}$
>
> ③ $(ab)^n = a^n b^n$

単項式の乗法では，数の部分，それぞれの文字の部分で分けて計算してから，最後にそれらを掛け合わせるとよい。

解答 ▶

(1)　$a^3 \times 4a^5 = 4 \times a^3 \times a^5 = 4a^{3+5} = \boldsymbol{4a^8}$

(2)　$2x^3y^2 \times (-5x^4y) = \{2 \times (-5)\}x^{3+4}y^{2+1} = \boldsymbol{-10x^7y^3}$

(3)　$(-2x^3y^2)^3 = (-2)^3 \times (x^3)^3 \times (y^2)^3 = -8x^{3\times3}y^{2\times3} = \boldsymbol{-8x^9y^6}$

(4)　$x^2y \times (-3x^3y^2)^2 = x^2y \times (-3)^2 \times x^{3\times2} \times y^{2\times2}$
$\qquad\qquad = x^2y \times 9x^6y^4 = 9x^{2+6}y^{1+4} = \boldsymbol{9x^8y^5}$

a^2 を a の平方，
a^3 を a の立方
ともいうよ。

□ **問 9** ▶ 次の式を展開せよ。

教科書 **p.12**

(1)　$x^2(x^2 - 3x + 4)$

(2)　$(xy + 3)x^2y$

- -

ガイド　多項式の積において，分配法則

$$A(B+C) = AB + AC \qquad (A+B)C = AC + BC$$

を用いて，単項式の和の形に表すことを**展開する**という。

解答 ▶

(1)　$x^2(x^2 - 3x + 4) = x^2 \cdot x^2 + x^2 \cdot (-3x) + x^2 \cdot 4 = \boldsymbol{x^4 - 3x^3 + 4x^2}$

(2)　$(xy + 3)x^2y = xy \cdot x^2y + 3 \cdot x^2y = \boldsymbol{x^3y^2 + 3x^2y}$

□ **問10** 次の式を展開せよ。

教科書
p.12

(1) $(2x+1)(3x+4)$

(2) $(3x-1)(2x^2-x+5)$

(3) $(2x^2-4xy+y^2)(2x-y)$

- -

ガイド 分配法則を用いて展開し，同類項があればまとめ，降べきの順に整理する。

(1) $3x+4$ を1つのものと考え，これをAとすると，

$$(2x+1)(3x+4)=(2x+1)A=2xA+A$$
$$=2x(3x+4)+(3x+4)$$

のように考えるとよい。

解答 (1) $(2x+1)(3x+4)=2x(3x+4)+(3x+4)$
$$=6x^2+8x+3x+4$$
$$\boldsymbol{=6x^2+11x+4}$$

(2) $(3x-1)(2x^2-x+5)=3x(2x^2-x+5)-(2x^2-x+5)$
$$=6x^3-3x^2+15x-2x^2+x-5$$
$$\boldsymbol{=6x^3-5x^2+16x-5}$$

(3) $(2x^2-4xy+y^2)(2x-y)$
$$=(2x^2-4xy+y^2)\cdot2x+(2x^2-4xy+y^2)\cdot(-y)$$
$$=4x^3-8x^2y+2xy^2-2x^2y+4xy^2-y^3$$
$$\boldsymbol{=4x^3-10x^2y+6xy^2-y^3}$$

別解 (1) $(2x+1)(3x+4)=(2x+1)\cdot3x+(2x+1)\cdot4$
$$=6x^2+3x+8x+4$$
$$\boldsymbol{=6x^2+11x+4}$$

(2)
$$
\begin{array}{r}
3x\ -1 \\
\times)\ 2x^2-x+5 \\
\hline
6x^3-2x^2 \\
-3x^2+\quad x \\
15x-5 \\
\hline
\boldsymbol{6x^3-5x^2+16x-5}
\end{array}
$$

式を上下に並べて計算するときは，各式をあらかじめ降べきの順に整理しておこう。

(3)
$$
\begin{array}{r}
2x^2-4xy+y^2 \\
\times)\ 2x\ -y \\
\hline
4x^3-\ 8x^2y+2xy^2 \\
-\ 2x^2y+4xy^2-y^3 \\
\hline
\boldsymbol{4x^3-10x^2y+6xy^2-y^3}
\end{array}
$$

第
1
章

数と式

☑ **問11** 次の式を展開せよ。

教科書
p.13

(1) $(5x+4y)^2$　　　　　　　　(2) $(2a-5)^2$

(3) $(2x+3)(2x-3)$　　　　　　(4) $(x+2y)(x-4y)$

ガイド

ここがポイント 👉 **[乗法公式（Ⅰ）]**

$\boxed{1}$ $(a+b)^2=a^2+2ab+b^2$

$(a-b)^2=a^2-2ab+b^2$

$\boxed{2}$ $(a+b)(a-b)=a^2-b^2$

$\boxed{3}$ $(x+a)(x+b)=x^2+(a+b)x+ab$

解答 (1) $(5x+4y)^2=(5x)^2+2\cdot5x\cdot4y+(4y)^2=\mathbf{25x^2+40xy+16y^2}$

(2) $(2a-5)^2=(2a)^2-2\cdot2a\cdot5+5^2=\mathbf{4a^2-20a+25}$

(3) $(2x+3)(2x-3)=(2x)^2-3^2=\mathbf{4x^2-9}$

(4) $(x+2y)(x-4y)=x^2+\{2y+(-4y)\}x+2y\cdot(-4y)$

$=\mathbf{x^2-2xy-8y^2}$

☑ **問12** 次の式が成り立つことを，左辺を展開して確かめよ。

教科書
p.13

$(ax+b)(cx+d)=acx^2+(ad+bc)x+bd$

ガイド

ここがポイント 👉 **[乗法公式（Ⅱ）]**

$\boxed{4}$ $(ax+b)(cx+d)=acx^2+(ad+bc)x+bd$

解答 $(ax+b)(cx+d)=ax(cx+d)+b(cx+d)$

$=acx^2+adx+bcx+bd$

$=acx^2+(ad+bc)x+bd$

参考

$ax+b$ … a ⤬ b ⟶ bc

$cx+d$ … c d ⟶ ad　（+

$\qquad\quad\downarrow\qquad\quad\downarrow\qquad\quad\downarrow$

$\qquad\quad ac\qquad\quad bd\qquad ad+bc$

$(x^2$の係数) (定数項) (xの係数)

この方法を
たすき掛け
というよ。

このようにして計算すると楽であり，係数の間の関係が把握できる。

問13 次の式を展開せよ。

教科書 **p.13**

(1) $(3x+1)(x+2)$ (2) $(2x-3)(3x+2)$

(3) $(2ab+1)(ab-3)$ (4) $(x-2y)(5x-y)$

ガイド 符号に注意して，本書 p.9 の乗法公式④を用いる。

解答

(1) $(3x+1)(x+2)=3\cdot1x^2+(3\cdot2+1\cdot1)x+1\cdot2$
$$=3x^2+7x+2$$

(2) $(2x-3)(3x+2)=2\cdot3x^2+\{2\cdot2+(-3)\cdot3\}x+(-3)\cdot2$
$$=6x^2-5x-6$$

(3) $(2ab+1)(ab-3)=2\cdot1(ab)^2+\{2\cdot(-3)+1\cdot1\}ab+1\cdot(-3)$
$$=2a^2b^2-5ab-3$$

(4) $(x-2y)(5x-y)=1\cdot5x^2+\{1\cdot(-y)+(-2y)\cdot5\}x$
$$+(-2y)\cdot(-y)$$
$$=5x^2-11xy+2y^2$$

問14 次の式を展開せよ。

教科書 **p.14**

(1) $(a-b+c)(a-b-c)$ (2) $(x-2y+3)(x+2y-3)$

(3) $(x^2+x+1)(x^2-x+1)$

ガイド 乗法公式が使えるように，2つのかっこの中の式で共通する部分を1つのまとまりとみて考える。

(2) $x-2y+3=x-(2y-3)$ として，$2y-3$ を1つのまとまりとみる。

(3) x^2+1 を1つのまとまりとみるために，各式で項を並べかえる。

解答

(1) $(a-b+c)(a-b-c)=\{(a-b)+c\}\{(a-b)-c\}$
$$=(a-b)^2-c^2$$
$$=a^2-2ab+b^2-c^2$$

(2) $(x-2y+3)(x+2y-3)=\{x-(2y-3)\}\{x+(2y-3)\}$
$$=x^2-(2y-3)^2$$
$$=x^2-(4y^2-12y+9)$$
$$=x^2-4y^2+12y-9$$

(3) $(x^2+x+1)(x^2-x+1)=\{(x^2+1)+x\}\{(x^2+1)-x\}$
$$=(x^2+1)^2-x^2=x^4+2x^2+1-x^2$$
$$=x^4+x^2+1$$

第
1
章

数と式

☑ **問15** 次の式を展開せよ。

教科書
p.15　(1) $(a+b-c)^2$　　　　　　　(2) $(x-2y+3z)^2$

ガイド

ここがポイント 👉

$$(a+b+c)^2 = a^2+b^2+c^2+2ab+2bc+2ca$$

解答 (1) $(a+b-c)^2 = a^2+b^2+(-c)^2+2\cdot a\cdot b+2\cdot b\cdot(-c)+2\cdot(-c)\cdot a$
$$= a^2+b^2+c^2+2ab-2bc-2ca$$

(2) $(x-2y+3z)^2 = x^2+(-2y)^2+(3z)^2+2\cdot x\cdot(-2y)$
$$+2\cdot(-2y)\cdot 3z+2\cdot 3z\cdot x$$
$$= x^2+4y^2+9z^2-4xy-12yz+6zx$$

参考 $(a+b+c)^2$ の展開式では，ac を ca と書き，
$2ab+2bc+2ca$ と書くことが多い。このような
書き方を**輪環の順**に表記するという。

☑ **問16** 次の式を展開せよ。

教科書
p.15　(1) $(2x+3y)^2(2x-3y)^2$　　(2) $(x-2)(x-3)(x+2)(x+3)$

ガイド $(A+B)(A-B)=A^2-B^2$ が現れるように，掛ける順序を変える。

(1) $2x+3y=X$，$2x-3y=Y$ とおくと，$X^2Y^2=(XY)^2$

解答 (1) $(2x+3y)^2(2x-3y)^2 = \{(2x+3y)(2x-3y)\}^2$
$$= (4x^2-9y^2)^2$$
$$= 16x^4-72x^2y^2+81y^4$$

(2) $(x-2)(x-3)(x+2)(x+3) = (x-2)(x+2)(x-3)(x+3)$
$$= (x^2-4)(x^2-9)$$
$$= x^4-13x^2+36$$

参考 (2) $(x-2)$ と $(x-3)$，$(x+2)$ と $(x+3)$ の組み合わせで計算しても
よい。このとき，x^2+6 が共通する部分となる。

別解 (2) $(x-2)(x-3)(x+2)(x+3) = (x^2-5x+6)(x^2+5x+6)$
$$= \{(x^2+6)-5x\}\{(x^2+6)+5x\}$$
$$= (x^2+6)^2-(5x)^2$$
$$= x^4+12x^2+36-25x^2$$
$$= x^4-13x^2+36$$

☑ **問17** $(x+1)(x+2)(x+3)(x+4)$ を展開せよ。

- -

ガイド $(x+1)$ と $(x+4)$，$(x+2)$ と $(x+3)$ の組み合わせで計算すると，

$$(x+1)(x+4)=x^2+5x+4$$
$$(x+2)(x+3)=x^2+5x+6$$

より，x^2+5x を共通する部分として，これらの積が計算しやすくなる。

解答
$$(x+1)(x+2)(x+3)(x+4)=(x+1)(x+4)(x+2)(x+3)$$
$$=(x^2+5x+4)(x^2+5x+6)$$
$$=\{(x^2+5x)+4\}\{(x^2+5x)+6\}$$
$$=(x^2+5x)^2+10(x^2+5x)+24$$
$$=x^4+10x^3+25x^2+10x^2+50x+24$$
$$=\boldsymbol{x^4+10x^3+35x^2+50x+24}$$

③ 因数分解

☑ **問18** 次の式を因数分解せよ。

(1) $3xy+8y$　　　　　　　　(2) $2x^3y^2+4x^2y-2xy$

(3) $x(y+5)-3(y+5)$　　　　(4) $(a-b)x+(b-a)y$

- -

ガイド 多項式 P を2つ以上の多項式 A，B，…… の積の形に表すことを**因数分解**するといい，各多項式 A，B，…… を，それぞれ P の**因数**という。

(1), (2)　共通因数をかっこの外にくくり出す。

(3), (4)　共通する式を1つのまとまりとみる。

(4)　$b-a=-(a-b)$

解答
(1) $3xy+8y=3x\cdot y+8\cdot y=\boldsymbol{(3x+8)y}$

(2) $2x^3y^2+4x^2y-2xy=2xy\cdot x^2y+2xy\cdot 2x-2xy\cdot 1$
$$=\boldsymbol{2xy(x^2y+2x-1)}$$

(3) $x(y+5)-3(y+5)=\boldsymbol{(x-3)(y+5)}$

(4) $(a-b)x+(b-a)y=(a-b)x-(a-b)y=\boldsymbol{(a-b)(x-y)}$

☑ **問19**　次の式を因数分解せよ。

教科書
p.17

(1)　$16x^2+24xy+9y^2$　　　　　(2)　$4x^2-20xy+25y^2$

(3)　$a^2-6a-16$　　　　　　　(4)　$a^2-11ab+24b^2$

(5)　$x^2+ax-20a^2$　　　　　　(6)　$3a^2b-12b^3$

ガイド

ここがポイント ☞ ［因数分解の公式（Ⅰ）］

1　$a^2+2ab+b^2=(a+b)^2$

$a^2-2ab+b^2=(a-b)^2$

2　$a^2-b^2=(a+b)(a-b)$

3　$x^2+(a+b)x+ab=(x+a)(x+b)$

(1), (2)　因数分解の公式1を用いる。

(3)〜(5)　因数分解の公式3を用いる。

(6)　共通因数をかっこの外にくくり出し，因数分解の公式2を用いる。

解答

(1)　$16x^2+24xy+9y^2=(4x)^2+2\cdot4x\cdot3y+(3y)^2=\boldsymbol{(4x+3y)^2}$

(2)　$4x^2-20xy+25y^2=(2x)^2-2\cdot2x\cdot5y+(5y)^2=\boldsymbol{(2x-5y)^2}$

(3)　$a^2-6a-16=a^2+(2-8)a+2\cdot(-8)$

　　　　　　　　　$=\boldsymbol{(a+2)(a-8)}$

(4)　$a^2-11ab+24b^2=a^2+(-3b-8b)a+(-3b)\cdot(-8b)$

　　　　　　　　　　　$=\boldsymbol{(a-3b)(a-8b)}$

(5)　$x^2+ax-20a^2=x^2+(-4a+5a)x+(-4a)\cdot5a$

　　　　　　　　　$=\boldsymbol{(x-4a)(x+5a)}$

(6)　$3a^2b-12b^3=3b\cdot a^2+3b\cdot(-4b^2)=3b(a^2-4b^2)$

　　　　　　　$=3b\{a^2-(2b)^2\}=\boldsymbol{3b(a+2b)(a-2b)}$

因数分解の公式1〜3は，
乗法公式1〜3にそれぞれ
対応しているね。

☑ **問20** 次の式を因数分解せよ。

教科書
p.18

(1) $4x^2+7x+3$ (2) $5x^2-2x-3$

(3) $8x^2-10x+3$ (4) $12x^2+xy-6y^2$

(5) $6a^2-17ab-14b^2$ (6) $4x^2+5ax-6a^2$

ガイド

ここがポイント ☞ [因数分解の公式（Ⅱ）]

4 $acx^2+(ad+bc)x+bd=(ax+b)(cx+d)$

$$
\begin{array}{ccc}
a & \diagdown & b \longrightarrow bc \\
c & \diagup & d \longrightarrow ad \\
\hline
ac & bd & ad+bc
\end{array}
$$
により，与えられた式の係数に合う数を求める。

例えば，$2x^2-x-3$ を $(ax+b)(cx+d)$ の形にするには，
$2x^2-x-3=acx^2+(ad+bc)x+bd$ であるから，

$ac=2$ より，1×2，$(-1)\times(-2)$

$bd=-3$ より，$1\times(-3)$，$(-1)\times3$

などが考えられる。

$$
\begin{array}{ccc}
1 & \diagdown & 1 \longrightarrow 2 \\
2 & \diagup & -3 \longrightarrow -3 \\
\hline
2 & -3 & -1
\end{array}
$$

このうち，$ad+bc=-1$ を満たす組み合わせは，

$a=1$, $b=1$, $c=2$, $d=-3$

よって，$2x^2-x-3=(x+1)(2x-3)$

解答

(1) $4x^2+7x+3$
$=(x+1)(4x+3)$

(2) $5x^2-2x-3$
$=(x-1)(5x+3)$

(3) $8x^2-10x+3$
$=(2x-1)(4x-3)$

(4) $12x^2+xy-6y^2$
$=(3x-2y)(4x+3y)$

(5) $6a^2-17ab-14b^2$
$=(2a-7b)(3a+2b)$

(6) $4x^2+5ax-6a^2$
$=(4x-3a)(x+2a)$

(1)
$$
\begin{array}{ccc}
1 & \diagdown & 1 \longrightarrow 4 \\
4 & \diagup & 3 \longrightarrow 3 \\
\hline
4 & 3 & 7
\end{array}
$$

(2)
$$
\begin{array}{ccc}
1 & \diagdown & -1 \longrightarrow -5 \\
5 & \diagup & 3 \longrightarrow 3 \\
\hline
5 & -3 & -2
\end{array}
$$

(3)
$$
\begin{array}{ccc}
2 & \diagdown & -1 \longrightarrow -4 \\
4 & \diagup & -3 \longrightarrow -6 \\
\hline
8 & 3 & -10
\end{array}
$$

(4)
$$
\begin{array}{ccc}
3 & \diagdown & -2y \longrightarrow -8y \\
4 & \diagup & 3y \longrightarrow 9y \\
\hline
12 & -6y^2 & y
\end{array}
$$

(5)
$$
\begin{array}{ccc}
2 & \diagdown & -7b \longrightarrow -21b \\
3 & \diagup & 2b \longrightarrow 4b \\
\hline
6 & -14b^2 & -17b
\end{array}
$$

(6)
$$
\begin{array}{ccc}
4 & \diagdown & -3a \longrightarrow -3a \\
1 & \diagup & 2a \longrightarrow 8a \\
\hline
4 & -6a^2 & 5a
\end{array}
$$

第1章 数と式

☑ **問21** 次の式を因数分解せよ。

教科書 **p.18**
(1) $(x+2y+1)(x+2y-2)-4$
(2) x^4-5x^2+4

ガイド 式の一部を1つのまとまりとみて，因数分解の公式が使えないか，考える。
(1) $x+2y$ を1つのまとまりとみる。
(2) x^2 を1つのまとまりとみる。

解答
(1) $(x+2y+1)(x+2y-2)-4$
$=(x+2y)^2-(x+2y)-2-4=(x+2y)^2-(x+2y)-6$
$=\{(x+2y)+2\}\{(x+2y)-3\}=(\boldsymbol{x+2y+2})(\boldsymbol{x+2y-3})$
(2) $x^4-5x^2+4=(x^2)^2-5x^2+4$
$=(x^2-1)(x^2-4)=(\boldsymbol{x+1})(\boldsymbol{x-1})(\boldsymbol{x+2})(\boldsymbol{x-2})$

☑ **問22** 次の式を因数分解せよ。

教科書 **p.19**
(1) $x^2+xy+2y-4$
(2) $x^3+x^2y+x^2+xy-2x-2y$
(3) $a^3+ab-ac^2+bc$
(4) $x^2+y^2+xz-yz-2xy$

ガイド 2つ以上の文字を含む多項式では，最も次数の低い文字に着目して整理すると，因数分解がしやすくなることがある。

解答
(1) $x^2+xy+2y-4$
$=(x+2)y+(x^2-4)=(x+2)y+(x+2)(x-2)$
$=(x+2)\{y+(x-2)\}=(\boldsymbol{x+2})(\boldsymbol{x+y-2})$
(2) $x^3+x^2y+x^2+xy-2x-2y$
$=(x^2+x-2)y+(x^3+x^2-2x)=(x^2+x-2)y+x(x^2+x-2)$
$=(x^2+x-2)(x+y)=(\boldsymbol{x-1})(\boldsymbol{x+2})(\boldsymbol{x+y})$
(3) $a^3+ab-ac^2+bc$
$=(a+c)b+(a^3-ac^2)=(a+c)b+a(a^2-c^2)$
$=(a+c)b+a(a+c)(a-c)=(a+c)\{b+a(a-c)\}$
$=(\boldsymbol{a+c})(\boldsymbol{a^2-ac+b})$
(4) $x^2+y^2+xz-yz-2xy$
$=(x-y)z+(x^2-2xy+y^2)=(x-y)z+(x-y)^2$
$=(x-y)\{z+(x-y)\}=(\boldsymbol{x-y})(\boldsymbol{x-y+z})$

⚠注意 (2) 因数分解は，これ以上分解できないところまで行う。

☑ **問23** 次の式を因数分解せよ。

教科書
p.19　(1) $x^2+3xy+2y^2-x-3y-2$　　(2) $3x^2-2xy-y^2-11x-y+6$

ガイド　x, y のどちらの文字についても 2 次式である場合は，例えば，x について降べきの順に整理する。

解答　(1) $x^2+3xy+2y^2-x-3y-2$

$= x^2+(3y-1)x+(2y^2-3y-2)$

$= x^2+(3y-1)x+(y-2)(2y+1)$

$= \{x+(y-2)\}\{x+(2y+1)\}$

$= (\boldsymbol{x+y-2})(\boldsymbol{x+2y+1})$

$$
\begin{array}{rcl}
1 & \diagdown & -2 \to -4 \\
2 & \diagup & 1 \to 1 \\
\hline
& & -3
\end{array}
$$

$$
\begin{array}{rcl}
1 & \diagdown & y-2 \to y-2 \\
1 & \diagup & 2y+1 \to 2y+1 \\
\hline
& & 3y-1
\end{array}
$$

(2) $3x^2-2xy-y^2-11x-y+6$

$= 3x^2+(-2y-11)x-(y^2+y-6)$

$= 3x^2+(-2y-11)x-(y-2)(y+3)$

$= \{x-(y+3)\}\{3x+(y-2)\}$

$= (\boldsymbol{x-y-3})(\boldsymbol{3x+y-2})$

$$
\begin{array}{rcl}
1 & \diagdown & -(y+3) \to -3y-9 \\
3 & \diagup & y-2 \to y-2 \\
\hline
& & -2y-11
\end{array}
$$

☑ **問24**　$a^2(b+c)+b^2(c+a)+c^2(a+b)+2abc$ を因数分解せよ。

教科書
p.20

ガイド　例えば，a について整理することを考えて，$a^2(b+c)$ 以外の項を展開する。

解答　　$a^2(b+c)+b^2(c+a)+c^2(a+b)+2abc$

$= a^2(b+c)+b^2c+ab^2+ac^2+bc^2+2abc$

$= (b+c)a^2+(b^2+c^2+2bc)a+(b^2c+bc^2)$

$= (b+c)a^2+(b+c)^2a+bc(b+c)$

$= (b+c)\{a^2+(b+c)a+bc\}$

$= (b+c)(a+b)(a+c)$

$= (\boldsymbol{a+b})(\boldsymbol{b+c})(\boldsymbol{c+a})$

> 3つの文字があるとき，輪環の順に並べることが多いよ。

参考　**問24** の答えは，輪環の順に表記すると **解答** のようになるが，$(b+c)(a+b)(a+c)$ としてもよい。

研究　3次式の展開と因数分解　　発展（数学Ⅱ）

問題1 次の式を展開せよ。

教科書 **p.21**

(1) $(x+3)^3$　　　(2) $(x-2)^3$　　　(3) $(3x-2y)^3$

ガイド

ここがポイント [3次の乗法公式（Ⅰ）]

① $(a+b)^3=a^3+3a^2b+3ab^2+b^3$

$(a-b)^3=a^3-3a^2b+3ab^2-b^3$

解答

(1) $(x+3)^3=x^3+3\cdot x^2\cdot3+3\cdot x\cdot3^2+3^3$

$=x^3+9x^2+27x+27$

(2) $(x-2)^3=x^3-3\cdot x^2\cdot2+3\cdot x\cdot2^2-2^3$

$=x^3-6x^2+12x-8$

(3) $(3x-2y)^3=(3x)^3-3\cdot(3x)^2\cdot2y+3\cdot3x\cdot(2y)^2-(2y)^3$

$=27x^3-54x^2y+36xy^2-8y^3$

問題2 次の式が成り立つことを確かめよ。

教科書 **p.21**

$(a+b)(a^2-ab+b^2)=a^3+b^3$

$(a-b)(a^2+ab+b^2)=a^3-b^3$

ガイド

ここがポイント [3次の乗法公式（Ⅱ）]

② $(a+b)(a^2-ab+b^2)=a^3+b^3$

$(a-b)(a^2+ab+b^2)=a^3-b^3$

解答 $(a+b)(a^2-ab+b^2)=a(a^2-ab+b^2)+b(a^2-ab+b^2)$

$=a^3-a^2b+ab^2+a^2b-ab^2+b^3$

$=a^3+b^3$

$(a-b)(a^2+ab+b^2)=a(a^2+ab+b^2)-b(a^2+ab+b^2)$

$=a^3+a^2b+ab^2-a^2b-ab^2-b^3$

$=a^3-b^3$

参考 1つ目の式を確かめた後，b を $-b$ におき換えて，2つ目の式の確かめに代えてもよい。

問題3　次の式を展開せよ。

教科書
p.21
(1)　$(x+3)(x^2-3x+9)$　　　　(2)　$(4a-3b)(16a^2+12ab+9b^2)$

ガイド　3次の乗法公式$\boxed{2}$を用いる。

解答　(1)　$(x+3)(x^2-3x+9)=(x+3)(x^2-x\cdot3+3^2)$
$$=x^3+3^3=\boldsymbol{x^3+27}$$

(2)　$(4a-3b)(16a^2+12ab+9b^2)=(4a-3b)\{(4a)^2+4a\cdot3b+(3b)^2\}$
$$=(4a)^3-(3b)^3=\boldsymbol{64a^3-27b^3}$$

問題4　次の式を因数分解せよ。

教科書
p.21
(1)　x^3+1　　　　　　(2)　x^3-125
(3)　$8x^3+27y^3$　　　　(4)　$27a^3-64b^3$

ガイド

ここがポイント ☞ [3次式の因数分解の公式]
$$a^3+b^3=(a+b)(a^2-ab+b^2)$$
$$a^3-b^3=(a-b)(a^2+ab+b^2)$$

解答　(1)　$x^3+1=x^3+1^3$
$$=(x+1)(x^2-1\cdot x+1^2)$$
$$=\boldsymbol{(x+1)(x^2-x+1)}$$

(2)　$x^3-125=x^3-5^3$
$$=(x-5)(x^2+5\cdot x+5^2)$$
$$=\boldsymbol{(x-5)(x^2+5x+25)}$$

(3)　$8x^3+27y^3=(2x)^3+(3y)^3$
$$=(2x+3y)\{(2x)^2-2x\cdot3y+(3y)^2\}$$
$$=\boldsymbol{(2x+3y)(4x^2-6xy+9y^2)}$$

(4)　$27a^3-64b^3=(3a)^3-(4b)^3$
$$=(3a-4b)\{(3a)^2+3a\cdot4b+(4b)^2\}$$
$$=\boldsymbol{(3a-4b)(9a^2+12ab+16b^2)}$$

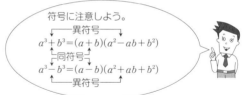

符号に注意しよう。
異符号
$a^3+b^3=(a+b)(a^2-ab+b^2)$
同符号
$a^3-b^3=(a-b)(a^2+ab+b^2)$
異符号

節末問題　　　　　　　　　　　　　　　第1節｜多項式

1　$P=2x^2+x-1$, $Q=-4x^2+4x+2$ のとき，次の計算をせよ。

教科書
p.22　(1)　$P-Q$　　　　　　　　　(2)　$5(P-2Q)-(3P-7Q)$

ガイド　(2)　まず，P，Q について整理してから代入する。

解答　(1)　$P-Q=(2x^2+x-1)-(-4x^2+4x+2)$

$=2x^2+x-1+4x^2-4x-2$

$=(2+4)x^2+(1-4)x+(-1-2)$

$=\boldsymbol{6x^2-3x-3}$

(2)　$5(P-2Q)-(3P-7Q)=5P-10Q-3P+7Q$

$=2P-3Q$

$=2(2x^2+x-1)-3(-4x^2+4x+2)$

$=4x^2+2x-2+12x^2-12x-6$

$=(4+12)x^2+(2-12)x+(-2-6)$

$=\boldsymbol{16x^2-10x-8}$

2　次の計算をせよ。

教科書
p.22　(1)　$2xy^4z\times(-x^3yz^2)^2$　　　　　(2)　$8b^3\times\left(\dfrac{1}{6}a^2\right)^3\times(-3ab^2)^3$

ガイド　指数法則を用いる。負の数の偶数乗は正，奇数乗は負になる。

解答　(1)　$2xy^4z\times(-x^3yz^2)^2=2xy^4z\times(-1)^2\times x^{3\times2}\times y^2\times z^{2\times2}$

$=2xy^4z\times x^6y^2z^4$

$=2x^{1+6}y^{4+2}z^{1+4}$

$=\boldsymbol{2x^7y^6z^5}$

(2)　$8b^3\times\left(\dfrac{1}{6}a^2\right)^3\times(-3ab^2)^3=8b^3\times\left(\dfrac{1}{6}\right)^3\times a^{2\times3}\times(-3)^3\times a^3\times b^{2\times3}$

$=8b^3\times\left(\dfrac{1}{6}\right)^3a^6\times(-3)^3a^3b^6$

$=\left\{8\times\left(\dfrac{1}{6}\right)^3\times(-3)^3\right\}a^{6+3}b^{3+6}$

$=\boldsymbol{-a^9b^9}$

参考　(2)　$8\times\left(\dfrac{1}{6}\right)^3\times(-3)^3=-\dfrac{8\times3\times3\times3}{6\times6\times6}=-1$

3 次の式を展開せよ。

(1) $(x+3)(2x^2-x-2)$　　　(2) $(x-1)(x^3+x^2+x+1)$

(3) $(2k+5)(k-3)$　　　(4) $(a-2b-3)^2$

(5) $(x^2-x+1)(x^2-3x+1)$　　　(6) $(2x-y+z)(2x+y-z)$

(7) $(x^2+y^2)(x+y)(x-y)$　　　(8) $(x-1)(x-2)(x+3)(x+6)$

ガイド 乗法公式などを工夫して用いる。

解答▶

(1) $(x+3)(2x^2-x-2)=x(2x^2-x-2)+3(2x^2-x-2)$
$$=2x^3-x^2-2x+6x^2-3x-6$$
$$=\mathbf{2x^3+5x^2-5x-6}$$

(2) $(x-1)(x^3+x^2+x+1)=x(x^3+x^2+x+1)-(x^3+x^2+x+1)$
$$=x^4+x^3+x^2+x-x^3-x^2-x-1$$
$$=\mathbf{x^4-1}$$

(3) $(2k+5)(k-3)=2\cdot1k^2+\{2\cdot(-3)+5\cdot1\}k+5\cdot(-3)=\mathbf{2k^2-k-15}$

(4) $(a-2b-3)^2=a^2+(-2b)^2+(-3)^2+2\cdot a\cdot(-2b)+2\cdot(-2b)\cdot(-3)+2\cdot(-3)\cdot a$
$$=a^2+4b^2+9-4ab+12b-6a$$
$$=\mathbf{a^2+4b^2-4ab-6a+12b+9}$$

(5) $(x^2-x+1)(x^2-3x+1)=\{(x^2+1)-x\}\{(x^2+1)-3x\}$
$$=(x^2+1)^2-4x(x^2+1)+3x^2$$
$$=x^4+2x^2+1-4x^3-4x+3x^2$$
$$=\mathbf{x^4-4x^3+5x^2-4x+1}$$

(6) $(2x-y+z)(2x+y-z)=\{2x-(y-z)\}\{2x+(y-z)\}$
$$=(2x)^2-(y-z)^2$$
$$=4x^2-(y^2-2yz+z^2)$$
$$=\mathbf{4x^2-y^2+2yz-z^2}$$

(7) $(x^2+y^2)(x+y)(x-y)=(x^2+y^2)(x^2-y^2)$
$$=(x^2)^2-(y^2)^2$$
$$=\mathbf{x^4-y^4}$$

(8) $(x-1)(x-2)(x+3)(x+6)=(x-1)(x+6)(x-2)(x+3)$
$$=(x^2+5x-6)(x^2+x-6)$$
$$=\{(x^2-6)+5x\}\{(x^2-6)+x\}$$
$$=(x^2-6)^2+6x(x^2-6)+5x^2$$
$$=x^4-12x^2+36+6x^3-36x+5x^2$$
$$=\mathbf{x^4+6x^3-7x^2-36x+36}$$

4 $(2x+1)(3x^3-2x^2+4x-1)$を展開したときの x^2 の係数を求めよ。
教科書 **p.22**

ガイド すべて展開する必要はない。x^2 の項
の係数だけを計算すればよい。 $(2x+1)(3x^3-2x^2+4x-1)$

解答 $2x\cdot4x+1\cdot(-2x^2)=8x^2-2x^2=6x^2$ より，x^2 の係数は **6**

5 次の式を因数分解せよ。
教科書 **p.22**
(1) $x^2-(y-z)^2$ 　　(2) $x^2+(a-2)x-(3a-1)(2a+1)$
(3) $abx^2-(a^2+b^2)x+ab$ 　　(4) $a^2(b-c)^2-(c-b)^2$
(5) $(a^2-b^2)x^2+4abx-(a^2-b^2)$ 　(6) $3ab-a+3b-1$

ガイド (4) $(c-b)^2=(b-c)^2$
(5) $(a^2-b^2)=(a+b)(a-b)$
(6) 1つの文字に着目して整理する。

解答 (1) $x^2-(y-z)^2=\{x+(y-z)\}\{x-(y-z)\}=\boldsymbol{(x+y-z)(x-y+z)}$
(2) $x^2+(a-2)x-(3a-1)(2a+1)$
$=\{x+(3a-1)\}\{x-(2a+1)\}$
$=\boldsymbol{(x+3a-1)(x-2a-1)}$
(3) $abx^2-(a^2+b^2)x+ab$
$=\boldsymbol{(ax-b)(bx-a)}$

$$\begin{array}{ccc} a & \diagdown & -b \to & -b^2 \\ b & \diagdown & -a \to & -a^2 \\ \hline ab & ab & -a^2-b^2 \end{array}$$

(4) $a^2(b-c)^2-(c-b)^2$
$=a^2(b-c)^2-(b-c)^2$
$=(a^2-1)(b-c)^2=\boldsymbol{(a+1)(a-1)(b-c)^2}$
(5) $(a^2-b^2)x^2+4abx-(a^2-b^2)$
$=(a+b)(a-b)x^2+4abx-(a+b)(a-b)$
$=\{(a-b)x+(a+b)\}\{(a+b)x-(a-b)\}$
$=\boldsymbol{(ax-bx+a+b)(ax+bx-a+b)}$

$$\begin{array}{ccc} a-b & \diagdown & a+b \to & a^2+2ab+b^2 \\ a+b & \diagdown & -(a-b) \to & -a^2+2ab-b^2 \\ \hline (a+b)(a-b) & -(a+b)(a-b) & 4ab \end{array}$$

(6) $3ab-a+3b-1=3b(a+1)-(a+1)=\boldsymbol{(a+1)(3b-1)}$

☐ **6** 次の式を因数分解せよ。

(1) $2(x+y)^2-x-y-3$　　　　(2) $(x+y+1)(x-2y+1)-4y^2$

(3) $a^2b+b^2c-a^2c-b^3$　　　　(4) $4x^2-y^2+2yz-z^2$

(5) $x^2-5xy+4y^2+x+2y-2$　　(6) $a(b^2-c^2)+b(c^2-a^2)+c(a^2-b^2)$

ガイド (2) $x+1$ を1つのまとまりとみる。

(3) 最も次数の低い文字 c に着目して整理する。

(5), (6) 1つの文字に着目して整理する。

解答▶ (1) $2(x+y)^2-x-y-3$

$=2(x+y)^2-(x+y)-3$

$=\{2(x+y)-3\}\{(x+y)+1\}$

$=(2x+2y-3)(x+y+1)$

$$
\begin{array}{ccc}
2 & \diagdown & -3 \to -3 \\
1 & \diagup & 1 \to 2 \\
\hline
2 & -3 & -1
\end{array}
$$

(2) $(x+y+1)(x-2y+1)-4y^2$

$=\{(x+1)+y\}\{(x+1)-2y\}-4y^2=(x+1)^2-(x+1)y-2y^2-4y^2$

$=(x+1)^2-y(x+1)-6y^2=\{(x+1)-3y\}\{(x+1)+2y\}$

$=(x-3y+1)(x+2y+1)$

(3) $a^2b+b^2c-a^2c-b^3$

$=(b^2-a^2)c-(b^2-a^2)b=(b^2-a^2)(c-b)$

$=(b+a)(b-a)(c-b)=(a+b)(a-b)(b-c)$

(4) $4x^2-y^2+2yz-z^2$

$=4x^2-(y^2-2yz+z^2)=(2x)^2-(y-z)^2$

$=\{2x+(y-z)\}\{2x-(y-z)\}=(2x+y-z)(2x-y+z)$

(5) $x^2-5xy+4y^2+x+2y-2$

$=x^2+(-5y+1)x+2(2y^2+y-1)$

$=x^2+(-5y+1)x+2(2y-1)(y+1)$

$=\{x-2(2y-1)\}\{x-(y+1)\}$

$=(x-4y+2)(x-y-1)$

(6) $a(b^2-c^2)+b(c^2-a^2)+c(a^2-b^2)$

$=(c-b)a^2-(c^2-b^2)a+bc(c-b)$

$=(c-b)a^2-(c+b)(c-b)a+bc(c-b)$

$=(c-b)\{a^2-(b+c)a+bc\}$

$=(c-b)(a-b)(a-c)$

$=(a-b)(b-c)(c-a)$

a, b, c のどの文字についても2次式だから、a, b, c のいずれか1つの文字について整理すればいいんだね。

第2節 実　数

1 実　数

□ **問25** 次の有理数を小数の形で表せ。

教科書
p.23　(1) $\dfrac{3}{4}$　　　　　(2) $\dfrac{23}{11}$　　　　　(3) $\dfrac{3}{7}$

- -

ガイド ものの個数や順序を表すのに用いる**自然数** $(1, 2, 3, 4, 5, \cdots\cdots)$ と、
これらに負の符号をつけた数 $(-1, -2, -3, -4, -5, \cdots\cdots)$ と 0 と
を合わせた数が**整数**である。

　　整数 m と 0 でない整数 n を用いて、分数 $\dfrac{m}{n}$ の形に表される数を

有理数という。整数 m は、$\dfrac{m}{1}$ と表されるから有理数である。

　　なお、それ以上約分できない分数を**既約分数**という。

　　整数でない有理数を小数で表したとき、小数第何位かまでで表される小数を**有限小数**、小数部分が無限に続く小数を**無限小数**という。

　　無限小数のうち、小数部分の数字が、ある位以下は同じ順序で無限に繰り返される小数を**循環小数**といい、繰り返される最初の数字と最後の数字の上に・をつけて次のように表す。

$$\frac{1}{3} = 0.333\cdots\cdots = 0.\dot{3}, \qquad \frac{139}{270} = 0.5148148148\cdots\cdots = 0.5\dot{1}4\dot{8}$$

解答 (1) $\dfrac{3}{4} = \mathbf{0.75}$

　　(2) $\dfrac{23}{11} = 2.090909\cdots\cdots = \mathbf{2.\dot{0}\dot{9}}$

　　(3) $\dfrac{3}{7} = 0.428571428571\cdots\cdots = \mathbf{0.\dot{4}2857\dot{1}}$

参考 分数を小数にすると、有限小数または無限小数になる。

　　一般に、既約分数を有限小数で表すことができるのは、分母が素因数 2 と 5 だけを用いて素因数分解できるときである。

　　また、一般に、2 つの正の整数 m と n で表された分数 $\dfrac{m}{n}$ が無限小

数になるとき、m を n で割っていくと、余りは 1 から $n-1$ までの
$n-1$ 個の整数のいずれかであるから、n 回目までには必ずそれまで

に現れた余りと同じ余りが現れ，その後の割り算は同じ割り算の繰り返しとなるため，$\dfrac{m}{n}$ は循環小数となる。

よって，整数でない有理数を小数で表すと，有限小数または循環小数となる。

なお，$n-1$ 種類の文字や数字から重複を許して n 個を選ぶと，必ず同じ文字や数字が2個以上現れる。このような考え方を**部屋割り論法**または**鳩の巣原理**という。

問26 次の循環小数を分数で表せ。

教科書 **p.25**

(1)　$0.\dot{8}$　　　　(2)　$0.\dot{6}\dot{9}$　　　　(3)　$2.5\dot{6}\dot{7}$

- -

ガイド　有限小数と循環小数は必ず分数で表され，有理数になる。

循環小数を x とおき，記号・を使わずに書き表す。循環する部分が1桁のときは $10x$，2桁のときは $100x\,(=10^2x)$，3桁のときは $1000x\,(=10^3x)$，…… の形を作り，x との差をとると，循環する部分がうまく消える。

解答

(1)　$x=0.\dot{8}$ とおくと，

$$10x=8.888888\cdots\cdots\quad\cdots\cdots①$$
$$x=0.888888\cdots\cdots\quad\cdots\cdots②$$

であるから，①−②より，　$9x=8$

よって，　$x=\dfrac{8}{9}$

(2)　$x=0.\dot{6}\dot{9}$ とおくと，

$$100x=69.696969\cdots\cdots\quad\cdots\cdots①$$
$$x=0.696969\cdots\cdots\quad\cdots\cdots②$$

であるから，①−②より，　$99x=69$

よって，　$x=\dfrac{69}{99}=\dfrac{23}{33}$

(3)　$x=2.5\dot{6}\dot{7}$ とおくと，

$$1000x=2567.567567567\cdots\cdots\quad\cdots\cdots①$$
$$x=2.567567567\cdots\cdots\quad\cdots\cdots②$$

であるから，①−②より，　$999x=2565$

よって，　$x=\dfrac{2565}{999}=\dfrac{95}{37}$

参考　整数と小数で表される数を合わせて**実数**という。実数のうち，有理数でないものを**無理数**という。

$\sqrt{2}$ や π は無理数であることが知られており，無理数は，2つの整数 m と n を用いて $\dfrac{m}{n}$ の形に表すことができないことから，循環しない無限小数になる。

実数
| 有理数 | 無理数 |
| 整数 |
| 自然数 |

問27　次の条件を満たす a，b の例を1つ作れ。

教科書 **p.26**

(1)　a，b は自然数で，$a-b$，$\dfrac{a}{b}$ がいずれも自然数でない。

(2)　a，b は整数で，$\dfrac{a}{b}$ が整数でない。

(3)　a，b は異なる無理数で，ab が有理数である。

- -

ガイド　2つの実数 a，b に対して，和 $a+b$，差 $a-b$，積 ab，商 $\dfrac{a}{b}$（ただし，商において，b は0でない）が考えられる。これらの計算を四則計算という。

右の表より，2つの自然数の和，積は自然数であるが，差，商は自然数になるとは限らず，2つの整数の和，差，積は整数であるが，商は整数になるとは限らないことがわかる。

また，2つの有理数の和，差，積は有理数であり，2つの実数の和，差，積，商は実数であることがわかる。

数の範囲	和	差	積	商
自 然 数	○	×	○	×
整　　数	○	○	○	×
有 理 数	○	○	○	○
実　　数	○	○	○	○

○…計算の結果がいつもその範囲にある。
×…計算の結果がいつもその範囲にあるとは限らない。

解答　(1)　(**例**)　$a=1$，$b=2$ とすると，　$a-b=1-2=-1$，　$\dfrac{a}{b}=\dfrac{1}{2}$

(2)　(**例**)　$a=1$，$b=3$ とすると，　$\dfrac{a}{b}=\dfrac{1}{3}$

(3)　(**例**)　$a=\sqrt{2}$，$b=-\sqrt{2}$ とすると，　$ab=-2$

問28 次の値を求めよ。

教科書
p.27
(1) $|2.3|$　　(2) $|-5|$　　(3) $|-\sqrt{2}|$　　(4) $|\sqrt{5}-3|$

ガイド 直線上に**原点O**をとり，正の向きと単位の長さを定めて**数直線**をかくと，すべての実数は数直線上のある1点として表され，逆に，数直線上のすべての点はある1つの実数と対応している。

　また，数直線上の点Pを表す実数 x をPの**座標**といい，座標が x である点Pを **P(x)** と表す。

　数直線上で，原点 O(0) と点 A(a) との距離を a の**絶対値**といい，$|a|$ で表す。

ここがポイント [絶対値]

1 $|a| \geqq 0$

2 $a \geqq 0$ のとき，$|a|=a$　　$a<0$ のとき，$|a|=-a$

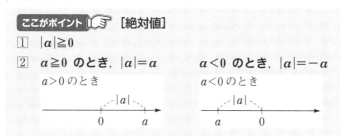

(4) $\sqrt{5}<3$ より，$\sqrt{5}-3<0$ である。

解答
(1) $|2.3|=\mathbf{2.3}$

(2) $|-5|=-(-5)=\mathbf{5}$

(3) $|-\sqrt{2}|=-(-\sqrt{2})=\sqrt{2}$

(4) $|\sqrt{5}-3|=-(\sqrt{5}-3)=\mathbf{3-\sqrt{5}}$

参考 $|a|=|-a|$ であり，$|a|^2=a^2$ が成り立つ。

　また，2点 A(a)，B(b) 間の距離 AB は，

$$AB=|b-a|$$

で表される。

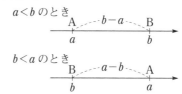

2 根号を含む式の計算

□ **問29** 次の値を求めよ。

(1) 16 の平方根　　　　　　(2) $(-\sqrt{5})^2$

(3) $\sqrt{(-4)^2}$　　　　　　(4) $\sqrt{(2-\sqrt{5})^2}$

ガイド 2 乗して a になる数を a の**平方根**という。

正の数 a の平方根は正と負の 2 つあり，記号 $\sqrt{}$ （**根号**という）を用いて，正の平方根を $\sqrt{a}$，負の平方根を $-\sqrt{a}$ で表す。

ここがポイント 👉

$$\sqrt{a^2}=|a|$$

(4) $2<\sqrt{5}$ より，$2-\sqrt{5}<0$ である。

解答 (1) ± 4

(2) $-\sqrt{5}$ は 5 の負の平方根であるから，

$$(-\sqrt{5})^2=5$$

(3) $\sqrt{(-4)^2}=|-4|=-(-4)=4$

(4) $\sqrt{(2-\sqrt{5})^2}=|2-\sqrt{5}|=-(2-\sqrt{5})=\sqrt{5}-2$

⚠注意 (3) $\sqrt{(-4)^2}=-4$ としないように。

$\sqrt{(-4)^2}=\sqrt{16}=4$ としてもよい。

参考 負の数の平方根は，実数の範囲には存在しない。

□ **問30** $\sqrt{10}$ の整数部分と小数部分を求めよ。

ガイド 実数＝整数部分＋小数部分（ただし，$0\leq$小数部分<1）である。

$\sqrt{10}$ より大きい整数，$\sqrt{10}$ より小さい整数を考える。

解答 $\sqrt{10}$ は $3^2<10<4^2$ より $3<\sqrt{10}<4$ である。

よって，$\sqrt{10}$ の整数部分は 3 であり，**小数部分**は $\sqrt{10}-3$ である。

問31 次の式を証明せよ。

教科書
p.29　　$a>0$，$b>0$ のとき，　$\dfrac{\sqrt{a}}{\sqrt{b}}=\sqrt{\dfrac{a}{b}}$

ガイド 平方根の定義から考える。2乗して a になる数が a の平方根である。

解答▶ $\left(\dfrac{\sqrt{a}}{\sqrt{b}}\right)^2=\dfrac{\sqrt{a}}{\sqrt{b}}\times\dfrac{\sqrt{a}}{\sqrt{b}}=\dfrac{(\sqrt{a})^2}{(\sqrt{b})^2}=\dfrac{a}{b}$

$\sqrt{a}>0$，$\sqrt{b}>0$ より，　$\dfrac{\sqrt{a}}{\sqrt{b}}>0$

よって，$\dfrac{\sqrt{a}}{\sqrt{b}}$ は $\dfrac{a}{b}$ の正の平方根であるから，　$\dfrac{\sqrt{a}}{\sqrt{b}}=\sqrt{\dfrac{a}{b}}$

> **ここがポイント** ☞ ［平方根の積と商］
> $a>0$，$b>0$ のとき，
> ① $\sqrt{a}\sqrt{b}=\sqrt{ab}$　② $\dfrac{\sqrt{a}}{\sqrt{b}}=\sqrt{\dfrac{a}{b}}$

問32 次の式を計算せよ。

教科書
p.30　(1) $\sqrt{125}$　　(2) $\sqrt{6}\sqrt{8}$

(3) $\dfrac{\sqrt{108}}{\sqrt{2}}$　　(4) $\sqrt{8}+\sqrt{50}$

(5) $(\sqrt{2}-\sqrt{3})^2$　　(6) $(2\sqrt{6}+\sqrt{5})(2\sqrt{6}-\sqrt{5})$

ガイド
> **ここがポイント** ☞
> $k>0$，$a>0$ のとき，　$\sqrt{k^2a}=k\sqrt{a}$

(2)，(3) まず，平方根の積と商の公式を用いて，1つの $\sqrt{\ }$ で表す。

(4) $\sqrt{\ }$ を文字のように扱い，同類項をまとめるのと同じ要領で，式を簡単にする。

(5)，(6) 乗法公式を利用する。

解答▶ (1) $\sqrt{125}=\sqrt{5^2\cdot5}=5\sqrt{5}$

(2) $\sqrt{6}\sqrt{8}=\sqrt{6\cdot8}=\sqrt{48}=\sqrt{4^2\cdot3}=4\sqrt{3}$

$$(3) \quad \frac{\sqrt{108}}{\sqrt{2}} = \sqrt{\frac{108}{2}} = \sqrt{54} = \sqrt{3^2 \cdot 6} = 3\sqrt{6}$$

$$(4) \quad \sqrt{8} + \sqrt{50} = 2\sqrt{2} + 5\sqrt{2} = \mathbf{7\sqrt{2}}$$

$$(5) \quad (\sqrt{2} - \sqrt{3})^2 = (\sqrt{2})^2 - 2\sqrt{2}\sqrt{3} + (\sqrt{3})^2$$
$$= 2 - 2\sqrt{6} + 3 = \mathbf{5 - 2\sqrt{6}}$$

$$(6) \quad (2\sqrt{6} + \sqrt{5})(2\sqrt{6} - \sqrt{5}) = (2\sqrt{6})^2 - (\sqrt{5})^2$$
$$= 24 - 5 = \mathbf{19}$$

問33 次の式の分母を有理化せよ。

教科書
p.30　(1) $\dfrac{1}{2\sqrt{3}}$ 　　　　(2) $\dfrac{\sqrt{3}}{\sqrt{3}+\sqrt{2}}$ 　　　　(3) $\dfrac{2-\sqrt{3}}{2+\sqrt{3}}$

- -

ガイド 分母に根号を含む式において，分母と分子に適当な同じ数を掛けて，
分母に根号を含まない式に変形することを，**分母を有理化する**という。

(2) $(\sqrt{3}+\sqrt{2})(\sqrt{3}-\sqrt{2}) = (\sqrt{3})^2 - (\sqrt{2})^2 = 3-2 = 1$ であること
を利用する。

(3) $(2+\sqrt{3})(2-\sqrt{3}) = 2^2 - (\sqrt{3})^2 = 4-3 = 1$ であることを利用す
る。

解答 (1) $\dfrac{1}{2\sqrt{3}} = \dfrac{1 \times \sqrt{3}}{2\sqrt{3} \times \sqrt{3}} = \dfrac{\sqrt{3}}{6}$

(2) $\dfrac{\sqrt{3}}{\sqrt{3}+\sqrt{2}} = \dfrac{\sqrt{3}(\sqrt{3}-\sqrt{2})}{(\sqrt{3}+\sqrt{2})(\sqrt{3}-\sqrt{2})}$

$$= \dfrac{(\sqrt{3})^2 - \sqrt{6}}{(\sqrt{3})^2 - (\sqrt{2})^2}$$

$$= \mathbf{3 - \sqrt{6}}$$

(3) $\dfrac{2-\sqrt{3}}{2+\sqrt{3}} = \dfrac{(2-\sqrt{3})^2}{(2+\sqrt{3})(2-\sqrt{3})}$

$$= \dfrac{2^2 - 2\cdot2\cdot\sqrt{3} + (\sqrt{3})^2}{2^2 - (\sqrt{3})^2}$$

$$= \mathbf{7 - 4\sqrt{3}}$$

☑ **問34**　$x = \dfrac{1}{\sqrt{3}+\sqrt{2}}$, $y = \dfrac{1}{\sqrt{3}-\sqrt{2}}$ のとき，次の式の値を求めよ。

教科書
p.31　(1)　$x+y$　　　　　　(2)　x^2+y^2　　　　　(3)　x^2y+xy^2

- -

ガイド　x, y の分母を有理化して考えると計算しやすい。

(2), (3)　xy の値を求め，(1)の結果と xy の値を利用することを考える。

(2)では，$x^2+y^2=(x+y)^2-2xy$ と変形すればよい。

(3)では，$x^2y+xy^2=xy(x+y)$ と変形すればよい。

解答▶　$x = \dfrac{\sqrt{3}-\sqrt{2}}{(\sqrt{3}+\sqrt{2})(\sqrt{3}-\sqrt{2})} = \sqrt{3}-\sqrt{2}$

$y = \dfrac{\sqrt{3}+\sqrt{2}}{(\sqrt{3}-\sqrt{2})(\sqrt{3}+\sqrt{2})} = \sqrt{3}+\sqrt{2}$

$xy = (\sqrt{3}-\sqrt{2})(\sqrt{3}+\sqrt{2}) = 1$

(1)　$x+y = (\sqrt{3}-\sqrt{2})+(\sqrt{3}+\sqrt{2}) = \mathbf{2\sqrt{3}}$

(2)　$x^2+y^2 = (x+y)^2-2xy$

$\qquad = (2\sqrt{3})^2-2\cdot1 = \mathbf{10}$

(3)　$x^2y+xy^2 = xy(x+y)$

$\qquad = 1\cdot2\sqrt{3} = \mathbf{2\sqrt{3}}$

参考　$x+y$ の値，xy の値を求める際には，次のように，x, y の分母を有理化せずに計算してもよい。

$$x+y = \dfrac{(\sqrt{3}-\sqrt{2})+(\sqrt{3}+\sqrt{2})}{(\sqrt{3}+\sqrt{2})(\sqrt{3}-\sqrt{2})} = 2\sqrt{3}$$

$$xy = \dfrac{1\cdot1}{(\sqrt{3}+\sqrt{2})(\sqrt{3}-\sqrt{2})} = 1$$

有理化するときは
分母が $\sqrt{a}+\sqrt{b}$ の形なら
$\sqrt{a}-\sqrt{b}$ を，
分母が $\sqrt{a}-\sqrt{b}$ の形なら
$\sqrt{a}+\sqrt{b}$ を
掛けるといいんだね。

研究 〉 対称式と基本対称式　　　　　　　　発展

問題 1　$(x-y)^2$ を $x+y$ と xy で表せ。

教科書
p.32

ガイド　文字 x と y を入れ換えてももとの式と変わらない多項式を**対称式**という。

　　x と y の対称式は，$x+y$ と xy という 2 つの対称式で表されることが知られており，特に，$x+y$ と xy を x と y についての**基本対称式**という。

解答　$\begin{aligned}(x-y)^2 &= x^2-2xy+y^2\\ &= x^2+2xy+y^2-4xy\\ &= (x+y)^2-4xy\end{aligned}$

問題 2　$x+y=2\sqrt{5}$，$xy=1$ のとき，次の式の値を求めよ。

教科書
p.32

(1)　x^2+y^2　　　　　　　　　　　　(2)　x^3+y^3

ガイド　(1)　$x^2+y^2=(x+y)^2-2xy$ と変形できる。

(2)　$\begin{aligned}(x+y)^3 &= (x+y)(x^2+2xy+y^2)\\ &= x^3+3x^2y+3xy^2+y^3\\ &= x^3+y^3+3xy(x+y)\end{aligned}$

となるから，

$$x^3+y^3=(x+y)^3-3xy(x+y)$$

と変形できる。

解答　(1)　$\begin{aligned}x^2+y^2 &= (x+y)^2-2xy\\ &= (2\sqrt{5})^2-2\cdot1=18\end{aligned}$

(2)　$\begin{aligned}x^3+y^3 &= (x+y)^3-3xy(x+y)\\ &= (2\sqrt{5})^3-3\cdot1\cdot2\sqrt{5}=34\sqrt{5}\end{aligned}$

節末問題

☐ **1**

教科書
p.33

次の有理数の中で有限小数になるものはどれか。

① $\dfrac{1}{12}$　　　　② $\dfrac{3}{16}$　　　　③ $\dfrac{7}{25}$

ガイド 分数が有限小数となるのは，分母が 10，100，1000，…… の形の分数で表されるときである。

一般に，既約分数を有限小数で表すことができるのは，分母が素因数 2 と 5 だけを用いて素因数分解できるときである。

解答 ① $12=2^2 \cdot 3$，② $16=2^4$，③ 5^2 であるから，有限小数となるのは，
②，③

参考 ②，③の分数をそれぞれ小数で表すと，次のようになる。

② $\dfrac{3}{16}=\dfrac{3}{2^4}=\dfrac{3\times 5^4}{10^4}=\dfrac{1875}{10000}=0.1875$

③ $\dfrac{7}{25}=\dfrac{7}{5^2}=\dfrac{7\times 2^2}{10^2}=\dfrac{28}{100}=0.28$

☐ **2**

教科書
p.33

次の循環小数を分数で表せ。

(1) $2.\dot{3}\dot{4}$　　　　(2) $0.\dot{1}2\dot{3}$　　　　(3) $0.1\dot{2}\dot{3}$

ガイド 循環小数を x とおいて考える。

(2)と(3)で，循環する部分が異なることに注意する。

解答 (1) $x=2.\dot{3}\dot{4}$ とおくと，

$$100x=234.3434\cdots\cdots \quad \cdots\cdots ①$$
$$x=\quad 2.3434\cdots\cdots \quad \cdots\cdots ②$$

であるから，①−②より，　$99x=232$

よって，　$x=\dfrac{232}{99}$

(2) $x=0.\dot{1}2\dot{3}$ とおくと，

$$1000x=123.123123\cdots\cdots \quad \cdots\cdots ①$$
$$x=\quad 0.123123\cdots\cdots \quad \cdots\cdots ②$$

であるから，①−②より，　$999x=123$

よって，　$x=\dfrac{123}{999}=\dfrac{41}{333}$

(3) $x=0.1\dot{2}\dot{3}$ とおくと，

$$100x=12.32323\cdots\cdots \quad \cdots\cdots①$$
$$x=\ \ 0.12323\cdots\cdots \quad \cdots\cdots②$$

であるから，①－②より，　$99x=12.2$

よって，　$x=\dfrac{12.2}{99}=\dfrac{122}{990}=\dfrac{\mathbf{61}}{\mathbf{495}}$

---

3 a が次の値をとるとき，$|a+1|+|a-3|$ の値を求めよ。

教科書 **p.33**

(1) $a=5$ 　　　(2) $a=-3$ 　　　(3) $a=\sqrt{5}$

ガイド 与えられた a の値を式に代入して計算し，その符号に注意して，絶対値記号 $|\ \ |$ をはずす。

(3) $2<\sqrt{5}<3$ であることに注意する。

解答 (1) $|5+1|+|5-3|=|6|+|2|=6+2=\mathbf{8}$

(2) $|-3+1|+|-3-3|=|-2|+|-6|=2+6=\mathbf{8}$

(3) $|\sqrt{5}+1|+|\sqrt{5}-3|=(\sqrt{5}+1)-(\sqrt{5}-3)=\sqrt{5}+1-\sqrt{5}+3=\mathbf{4}$

---

4 次の文や式が正しければ○を，誤りがあれば波線部を訂正せよ。

教科書 **p.33**

(1) $x^2=2$ ならば，$x=\underline{\sqrt{2}}$ 　　　(2) $\sqrt{16}=\underline{\pm4}$

(3) $\sqrt{2+5}=\underline{\sqrt{2}+\sqrt{5}}$ 　　　(4) $\sqrt{3}\sqrt{6}=\underline{3\sqrt{2}}$

ガイド (1) 正の数 a の平方根は，$\pm\sqrt{a}$ である。

(2) $\sqrt{a^2}=|a|>0$ に注意する。

解答 (1) $x^2=2$ ならば，x は 2 の平方根であるから，$x=\pm\sqrt{2}$

よって，正しくは，　$\pm\sqrt{\mathbf{2}}$

(2) $\sqrt{16}=4$

よって，正しくは，　$\mathbf{4}$

(3) $\sqrt{2+5}=\sqrt{7}$

よって，正しくは，　$\sqrt{\mathbf{7}}$

(4) $\sqrt{3}\sqrt{6}=\sqrt{3\cdot6}=\sqrt{18}=\sqrt{3^2\cdot2}=3\sqrt{2}$

よって，　**○**

参考 (1) 「$x=\sqrt{2}$ ならば，$x^2=2$」は正しい。

□ 5 次の式を計算せよ。

教科書
p.33

(1) $3\sqrt{27}+2\sqrt{12}-\sqrt{75}$　　(2) $(\sqrt{5}+\sqrt{2})^2+(\sqrt{5}-\sqrt{2})^2$

(3) $(2\sqrt{3}-\sqrt{5})(\sqrt{3}+3\sqrt{5})$　　(4) $\sqrt{(4-\sqrt{10})^2}+\sqrt{(3-\sqrt{10})^2}$

ガイド (4) $3<\sqrt{10}<4$ に注意する。

解答

(1) $3\sqrt{27}+2\sqrt{12}-\sqrt{75}$

$=3\sqrt{3^2\cdot3}+2\sqrt{2^2\cdot3}-\sqrt{5^2\cdot3}=3\cdot3\sqrt{3}+2\cdot2\sqrt{3}-5\sqrt{3}$

$=9\sqrt{3}+4\sqrt{3}-5\sqrt{3}=\boldsymbol{8\sqrt{3}}$

(2) $(\sqrt{5}+\sqrt{2})^2+(\sqrt{5}-\sqrt{2})^2$

$=(5+2\sqrt{10}+2)+(5-2\sqrt{10}+2)=\boldsymbol{14}$

(3) $(2\sqrt{3}-\sqrt{5})(\sqrt{3}+3\sqrt{5})$

$=2\cdot3+6\sqrt{15}-\sqrt{15}-3\cdot5=6+6\sqrt{15}-\sqrt{15}-15=\boldsymbol{-9+5\sqrt{15}}$

(4) $\sqrt{(4-\sqrt{10})^2}+\sqrt{(3-\sqrt{10})^2}$

$=|4-\sqrt{10}|+|3-\sqrt{10}|=(4-\sqrt{10})-(3-\sqrt{10})$

$=4-\sqrt{10}-3+\sqrt{10}=\boldsymbol{1}$

□ 6 次の式を計算せよ。

教科書
p.33

$$\frac{1}{\sqrt{2}+\sqrt{3}}+\frac{1}{\sqrt{3}+\sqrt{4}}+\frac{1}{\sqrt{4}+\sqrt{5}}$$

ガイド まず，それぞれの分母を有理化する。

解答 $\dfrac{1}{\sqrt{2}+\sqrt{3}}+\dfrac{1}{\sqrt{3}+\sqrt{4}}+\dfrac{1}{\sqrt{4}+\sqrt{5}}$

$=\dfrac{\sqrt{2}-\sqrt{3}}{(\sqrt{2}+\sqrt{3})(\sqrt{2}-\sqrt{3})}+\dfrac{\sqrt{3}-\sqrt{4}}{(\sqrt{3}+\sqrt{4})(\sqrt{3}-\sqrt{4})}+\dfrac{\sqrt{4}-\sqrt{5}}{(\sqrt{4}+\sqrt{5})(\sqrt{4}-\sqrt{5})}$

$=\dfrac{\sqrt{2}-\sqrt{3}}{2-3}+\dfrac{\sqrt{3}-\sqrt{4}}{3-4}+\dfrac{\sqrt{4}-\sqrt{5}}{4-5}$

$=-(\sqrt{2}-\sqrt{3})-(\sqrt{3}-\sqrt{4})-(\sqrt{4}-\sqrt{5})$

$=-\sqrt{2}+\sqrt{3}-\sqrt{3}+\sqrt{4}-\sqrt{4}+\sqrt{5}=\boldsymbol{\sqrt{5}-\sqrt{2}}$

参考 $\dfrac{1}{\sqrt{2}+\sqrt{3}}$ を $\dfrac{1}{\sqrt{3}+\sqrt{2}}$, $\dfrac{1}{\sqrt{3}+\sqrt{4}}$ を $\dfrac{1}{\sqrt{4}+\sqrt{3}}$, $\dfrac{1}{\sqrt{4}+\sqrt{5}}$ を $\dfrac{1}{\sqrt{5}+\sqrt{4}}$ としてから有理化すると，符号の間違いを減らすことができる。

7
教科書
p.33
$\sqrt{3}+1$ の整数部分を a，小数部分を b とするとき，次の値を求めよ。

(1) a, b　　　　　　　(2) $a+\dfrac{4}{b}$

ガイド (2) (1)で求めた a，b の値をそれぞれ代入する。

解答 (1) $1^2<3<2^2$ より，$2<\sqrt{3}+1<3$ であるから，

$$a=2,\quad b=(\sqrt{3}+1)-2=\sqrt{3}-1$$

(2) $a+\dfrac{4}{b}=2+\dfrac{4}{\sqrt{3}-1}=2+\dfrac{4(\sqrt{3}+1)}{(\sqrt{3}-1)(\sqrt{3}+1)}=2+\dfrac{4(\sqrt{3}+1)}{3-1}$

$\qquad=2+2(\sqrt{3}+1)=2+2\sqrt{3}+2=\mathbf{4+2\sqrt{3}}$

8
教科書
p.33
$x=\dfrac{1}{\sqrt{3}+1}$，$y=\dfrac{1}{\sqrt{3}-1}$ のとき，次の式の値を求めよ。

(1) $x+y$　　　　(2) x^2+y^2　　　　(3) x^4+y^4

ガイド x，y の分母を有理化してから計算するとよい。

(2) xy の値を求め，(1)の結果と xy の値を利用することを考える。

(3) (2)の結果と xy の値を利用することを考える。

$\qquad x^4+y^4=(x^2)^2+(y^2)^2=(x^2+y^2)^2-2x^2y^2$ と変形すればよい。

解答 $x=\dfrac{1}{\sqrt{3}+1}=\dfrac{\sqrt{3}-1}{(\sqrt{3}+1)(\sqrt{3}-1)}=\dfrac{\sqrt{3}-1}{3-1}=\dfrac{\sqrt{3}-1}{2}$

$\qquad y=\dfrac{1}{\sqrt{3}-1}=\dfrac{\sqrt{3}+1}{(\sqrt{3}-1)(\sqrt{3}+1)}=\dfrac{\sqrt{3}+1}{3-1}=\dfrac{\sqrt{3}+1}{2}$

$\qquad xy=\dfrac{\sqrt{3}-1}{2}\cdot\dfrac{\sqrt{3}+1}{2}=\dfrac{3-1}{4}=\dfrac{1}{2}$

(1) $x+y=\dfrac{\sqrt{3}-1}{2}+\dfrac{\sqrt{3}+1}{2}=\sqrt{3}$

(2) $x^2+y^2=(x+y)^2-2xy=(\sqrt{3})^2-2\cdot\dfrac{1}{2}=3-1=\mathbf{2}$

(3) $x^4+y^4=(x^2)^2+(y^2)^2=(x^2+y^2)^2-2x^2y^2$

$\qquad=2^2-2\cdot\left(\dfrac{1}{2}\right)^2=\dfrac{\mathbf{7}}{\mathbf{2}}$

第3節 1次不等式

1 1次不等式

問35 次の a, b の値について, $a<b$ のとき, $-2a>-2b$, $\dfrac{a}{-3}>\dfrac{b}{-3}$ が成

教科書 **p.35**
り立つことを確かめよ。

(1) $a=-6$, $b=3$　　　　(2) $a=-6$, $b=-3$

- -

ガイド 不等式の両辺に同じ**負の数を掛けたり**，両辺を同じ**負の数で割った**
りすると，両辺の**大小関係は入れかわる**。

一般に，不等式について次の性質が成り立つ。

> **ここがポイント** 👉 [**不等式の基本性質**]
>
> ① $a<b$ のとき, $a+c<b+c$, $a-c<b-c$
>
> ② $a<b$ のとき, (i) $c>0$ ならば, $ac<bc$, $\dfrac{a}{c}<\dfrac{b}{c}$
>
> 　　　　　　　(ii) $c<0$ ならば, $ac>bc$, $\dfrac{a}{c}>\dfrac{b}{c}$

解答 (1) $-2a=12$, $-2b=-6$

$12>-6$ より, $-2a>-2b$ が成り立つ。

$\dfrac{a}{-3}=2$, $\dfrac{b}{-3}=-1$

$2>-1$ より, $\dfrac{a}{-3}>\dfrac{b}{-3}$ が成り立つ。

(2) $-2a=12$, $-2b=6$

$12>6$ より, $-2a>-2b$ が成り立つ。

$\dfrac{a}{-3}=2$, $\dfrac{b}{-3}=1$

$2>1$ より, $\dfrac{a}{-3}>\dfrac{b}{-3}$ が成り立つ。

第
1
章

数
と
式

☑ **問36** 次の不等式を解け。

教科書
p.36　(1)　$3x+5<7$　　　　　　　　　(2)　$3x+4\leqq5x-2$

- -

ガイド　x についての不等式を満たす x の値を**不等式の解**といい，不等式の
すべての解を求めることを**不等式を解く**という。不等式のすべての解
の集まりをその**不等式の解**ということもある。

　　不等式の基本性質①より，等式のときと同じように，x を含む項を
左辺に，定数項を右辺に移項して整理するとよい。

解答　(1)　左辺の 5 を右辺に移項して，

$$3x<7-5$$

$$3x<2$$

両辺を正の数 3 で割って，

$$x<\frac{2}{3}$$

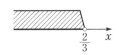

(2)　左辺の 4 を右辺に，右辺の 5x を左辺に移項して，

$$3x-5x\leqq-2-4$$

$$-2x\leqq-6$$

両辺を負の数 -2 で割って，

$$x\geqq3$$

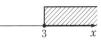

⚠注意　(2)　$-2x\leqq-6 \longrightarrow x\leqq3$ としないように。

　　両辺を負の数で割ると，不等号の向きが変わる。

ポイント プラス☞　　　　　数直線の図で，●はその数を含み，
　　　　　　　　　　　　　　　○はその数を含まないことを表す。

不等号	例	意　味	数直線上での表現
$<$	$a<2$	a は 2 より小さい，または，a は 2 未満	
$\leqq$	$a\leqq2$	a は 2 以下	
$>$	$a>2$	a は 2 より大きい	
$\geqq$	$a\geqq2$	a は 2 以上	

問37 次の1次不等式を解け。

教科書 **p.37**

(1) $2(3x+2)>3(x-1)+1$

(2) $3(2x+3)\geqq 10x-17$

(3) $\dfrac{x-2}{3}\leqq 2x+1$

(4) $\dfrac{9}{4}x+1>\dfrac{3}{2}x$

- -

ガイド x についての不等式で，すべての項を左辺に移項して整理したとき，$ax+b>0$，$ax+b\leqq 0$（a, b は定数で，$a\neq 0$）のように，左辺が x についての1次式になるものを **1次不等式** という。

x を含む項を左辺に，定数項を右辺に移項して整理する。

(1)，(2) かっこをはずしてから整理する。

(3)，(4) 係数が整数となるように，分母を払って（両辺に分母の最小公倍数を掛けて）から整理する。

解答

(1) かっこをはずして，$\quad 6x+4>3x-3+1$

$\qquad\qquad\qquad\qquad 6x+4>3x-2$

移項して整理すると，$\quad 6x-3x>-2-4$

$\qquad\qquad\qquad\qquad 3x>-6$

両辺を3で割って，$\quad \boldsymbol{x>-2}$

(2) かっこをはずして，$\quad 6x+9\geqq 10x-17$

移項して整理すると，$\quad 6x-10x\geqq -17-9$

$\qquad\qquad\qquad\qquad -4x\geqq -26$

両辺を -4 で割って，$\quad \boldsymbol{x\leqq \dfrac{13}{2}}$

(3) 両辺に3を掛けて，$\quad x-2\leqq 3(2x+1)$

$\qquad\qquad\qquad\qquad x-2\leqq 6x+3$

移項して整理すると，$\quad x-6x\leqq 3+2$

$\qquad\qquad\qquad\qquad -5x\leqq 5$

両辺を -5 で割って，$\quad \boldsymbol{x\geqq -1}$

(4) 両辺に4を掛けて，$\quad 4\left(\dfrac{9}{4}x+1\right)>6x$

$\qquad\qquad\qquad\qquad 9x+4>6x$

移項して整理すると，$\quad 9x-6x>-4$

$\qquad\qquad\qquad\qquad 3x>-4$

両辺を3で割って，$\quad \boldsymbol{x>-\dfrac{4}{3}}$

第
1
章

数と式

|参考| **ガイド**で，$a \neq 0$ は，a が 0 でないことを表す。

また，(1)～(4)の解を数直線に表すと，それぞれ次のようになる。

(1)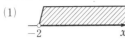

(2)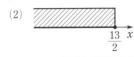

(3)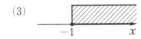

(4)

問38 次の不等式を解け。

教科書
p.38

(1) $\begin{cases} x-2<3x+5 \\ x+4 \leqq 5-x \end{cases}$　　　　(2) $3x+2 \leqq 2x+4 \leqq 9-x$

- -

ガイド　2つ以上の不等式を組にしたものを**連立不等式**といい，それらの不等式の解の共通範囲を求めることを**連立不等式を解く**という。

数直線を利用して共通範囲を求めるとよい。

(2)　不等式 $A \leqq B \leqq C$ は，$A \leqq B$ と $B \leqq C$ がともに成り立つことを表している。

$$連立不等式 \begin{cases} 3x+2 \leqq 2x+4 \\ 2x+4 \leqq 9-x \end{cases} を解く。$$

解答　(1)　$x-2<3x+5$ より，

$$-2x<7$$

$$x>-\frac{7}{2} \quad \cdots\cdots ①$$

$$x+4 \leqq 5-x \ より，$$

$$2x \leqq 1$$

$$x \leqq \frac{1}{2} \quad \cdots\cdots ②$$

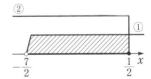

よって，①，②の共通範囲を求めて，

$$-\frac{7}{2}<x \leqq \frac{1}{2}$$

(2)　$3x+2 \leqq 2x+4$　より，

$\qquad x \leqq 2$　……①

$\qquad 2x+4 \leqq 9-x$　より，

$\qquad 3x \leqq 5$

$\qquad x \leqq \dfrac{5}{3}$　……②

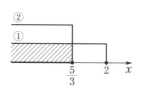

よって，①，②の共通範囲を求めて，

$\qquad x \leqq \dfrac{5}{3}$

 問39 50円の贈答用の箱に，1個180円のシュークリームと1個130円のプ

教科書 **p.39** リンを合わせて20個入れ，全体の金額を3200円以上3300円未満にしたい。シュークリームの個数を何個にすればよいか。

- -

ガイド シュークリームを x 個買うものとして，プリンの個数を x で表す。

全体の金額についての条件を不等式で表すと，

$\qquad 3200 \leqq (シュークリームの金額)+(プリンの金額)+(箱代) < 3300$

となる。

解答 シュークリームを x 個買うとすると，プリンは $(20-x)$ 個買うことになる。

条件より，

$\qquad 3200 \leqq 180x+130(20-x)+50 < 3300$

$\quad 3200 \leqq 180x+130(20-x)+50$　より，

$\qquad -50x \leqq -550$

$\qquad\quad x \geqq 11$　……①

$\quad 180x+130(20-x)+50 < 3300$　より，

$\qquad 50x < 650$

$\qquad\quad x < 13$　……②

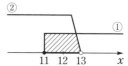

したがって，$11 \leqq x < 13$

x は整数であるから，条件を満たす x の値は11または12

よって，シュークリームの個数を**11個または12個**にすればよい。

2 絶対値を含む方程式・不等式

☐ **問40** 次の方程式，不等式を解け。

教科書 **p.40**

(1) $|x|=5$　　　(2) $|x|<3$　　　(3) $|x|\geqq4$

ガイド

ここがポイント

$a>0$ のとき，方程式 $|x|=a$ の解は，$x=\pm a$
不等式 $|x|<a$ の解は，$-a<x<a$
不等式 $|x|>a$ の解は，$x<-a,\ a<x$

解答

(1) 方程式 $|x|=5$ の解は，
$x=\pm5$

(2) 不等式 $|x|<3$ の解は，
$-3<x<3$

(3) 不等式 $|x|\geqq4$ の解は，
$x\leqq-4,\ 4\leqq x$

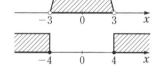
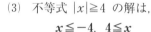

☐ **問41** 次の方程式を解け。

教科書 **p.40**

(1) $|x-1|=4$　　　(2) $|x+2|=3$　　　(3) $|3x-2|=6$

ガイド 絶対値記号の中の式を1つのまとまりとみる。

解答

(1) $x-1$ を1つのまとまりとみると，$x-1=\pm4$ であるから，
$x=4+1,\ x=-4+1$
したがって，　$x=5,\ -3$

(2) $x+2$ を1つのまとまりとみると，$x+2=\pm3$ であるから，
$x=3-2,\ x=-3-2$
したがって，　$x=1,\ -5$

(3) $3x-2$ を1つのまとまりとみると，$3x-2=\pm6$ であるから，
$3x=6+2,\ 3x=-6+2$
したがって，　$x=\dfrac{8}{3},\ -\dfrac{4}{3}$

参考 (3) 両辺を $3(>0)$ で割って $\left|x-\dfrac{2}{3}\right|=2$ と変形して解いてもよい。

☐ **問42** 次の不等式を解け。

教科書
p.41　(1) $|x-3|<5$　　　(2) $|x+3|\geqq2$　　　(3) $|3x-2|\leqq4$

- -

ガイド 絶対値記号の中の式を1つのまとまりとみる。

解答 (1) $x-3$ を1つのまとまりとみると,

$$-5<x-3<5$$

であるから,

$$-2<x<8$$

(2) $x+3$ を1つのまとまりとみると,

$$x+3\leqq-2,\ 2\leqq x+3$$

であるから,

$$x\leqq-5,\ -1\leqq x$$

(3) $3x-2$ を1つのまとまりとみると,

$$-4\leqq3x-2\leqq4$$

各辺に2を加えて,　$-2\leqq3x\leqq6$

各辺を3で割って,　$-\dfrac{2}{3}\leqq x\leqq2$

参考 2点 A(a) と P(x) の距離 AP は,

$a\leqq x$ のとき,　AP$=x-a$

$x<a$ のとき,　AP$=a-x$

であるから, AP$=|x-a|$ で表される。

例えば, (2)は,

$$|x-(-3)|\geqq2$$

と書けるから, 数直線上において,
点 P(x) と点 A(-3) の距離が2以上
であることを表している。

同様に, (3)は,

$$\left|x-\dfrac{2}{3}\right|\leqq\dfrac{4}{3}$$

と書けるから, 数直線上において,
点 P(x) と点 A$\left(\dfrac{2}{3}\right)$ の距離が $\dfrac{4}{3}$ 以下
であることを表している。

研究 〉　絶対値を含む方程式・不等式の場合分けによる解法

■**問題1**　方程式 $3x+1=|x+3|$ を解け。

教科書
p.42
- -

ガイド　絶対値記号をはずすために，その中の式 $x+3$ が 0 以上，0 未満の場合で分けて考える。また，このときに得られた x の値が，それぞれの条件を満たしているか確認する。

解答　(ⅰ)　$x+3\geqq0$，すなわち，$x\geqq-3$ のとき，
　　　　与えられた方程式は，
$$3x+1=x+3$$
$$x=1$$
　　　　これは，条件 $x\geqq-3$ を満たすから解である。
　　(ⅱ)　$x+3<0$，すなわち，$x<-3$ のとき，
　　　　与えられた方程式は，
$$3x+1=-(x+3)$$
$$x=-1$$
　　　　これは，条件 $x<-3$ を満たさないから解ではない。
　　(ⅰ)，(ⅱ)より，方程式の解は，　　**$x=1$**

■**問題2**　次の不等式を解け。

教科書
p.43　　(1)　$|x-3|<\dfrac{1}{2}x+3$　　　　　(2)　$|x-3|\geqq\dfrac{1}{2}x+3$
- -

ガイド　場合分けにより絶対値記号をはずし，不等式を解く。これと条件の不等式との共通範囲が与えられた不等式の解である。

解答　(1)　(ⅰ)　$x-3\geqq0$，すなわち，$x\geqq3$　　……①
　　　　のとき，与えられた不等式は，

$$x-3<\frac{1}{2}x+3$$
$$x<12 \quad ……②$$

　　　　①と②の共通範囲を求めると，

$$3\leqq x<12 \quad ……③$$

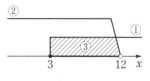

(ii)　$x-3<0$，すなわち，　$x<3$　　……④

のとき，与えられた不等式は，

$$-(x-3)<\frac{1}{2}x+3$$

$$x>0 \quad ……⑤$$

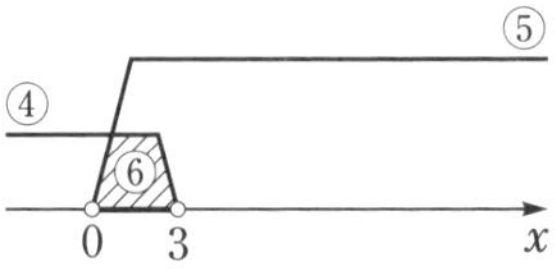
⑤
④
⑥
0
3
x

④と⑤の共通範囲を求めると，

$0<x<3$　　……⑥

(i)，(ii)より，求める解は③と⑥を合わせた範囲であるから，

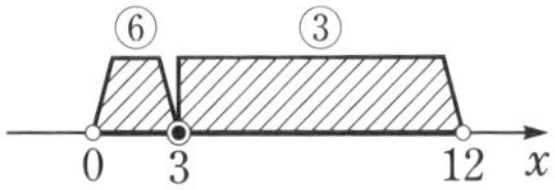
⑥
③
0
3
12
x

$\boldsymbol{0<x<12}$

(2)　(i)　$x-3\geqq 0$，すなわち，　$x\geqq 3$　　……①

のとき，与えられた不等式は，

$$x-3\geqq\frac{1}{2}x+3$$

$$x\geqq 12 \quad ……⑦$$

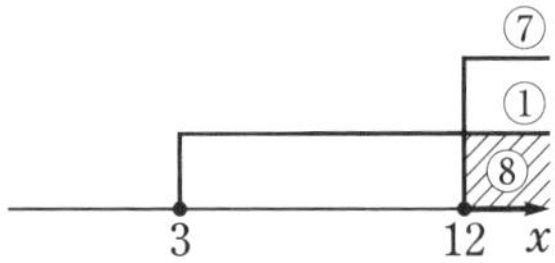
⑦
①
⑧
3
12
x

①と⑦の共通範囲を求めると，

$x\geqq 12$　　……⑧

(ii)　$x-3<0$，すなわち，　$x<3$　　……④

のとき，与えられた不等式は，

$$-(x-3)\geqq\frac{1}{2}x+3$$

$$x\leqq 0 \quad ……⑨$$

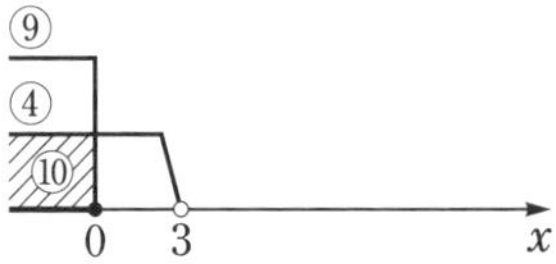
⑨
④
⑩
0
3
x

④と⑨の共通範囲を求めると，

$x\leqq 0$　　……⑩

(i)，(ii)より，求める解は⑧と⑩を合わせた範囲であるから，

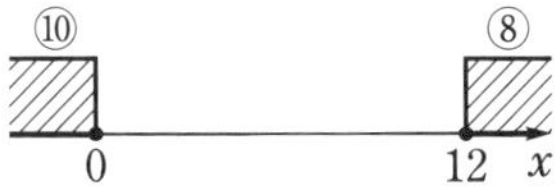
⑩
⑧
0
12
x

$\boldsymbol{x\leqq 0,\ 12\leqq x}$

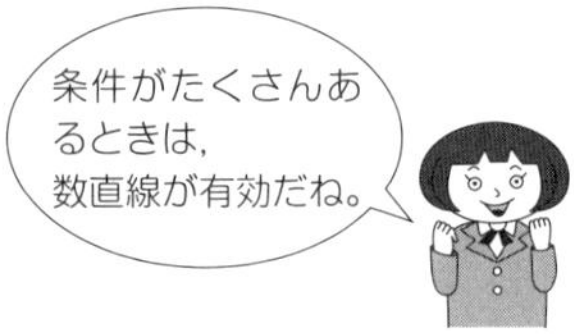
条件がたくさんあるときは，
数直線が有効だね。

節 末 問 題

第3節｜1次不等式

□ **1**

教科書
p.44

次の不等式を解け。

(1) $2(x-3)+5(4-x)>0$　　　(2) $0.6x-3\leqq0.2(x-2)+1$

(3) $\dfrac{1}{3}x-1\geqq x+3$　　　(4) $\dfrac{2x-1}{3}<\dfrac{3x+2}{4}$

ガイド (1) かっこをはずしてから整理する。

(2)〜(4) 係数を整数にしてから整理する。

解答 (1) かっこをはずして，　$2x-6+20-5x>0$

移項して整理すると，　　　　　$-3x>-14$

両辺を -3 で割って，　　　　$x<\dfrac{14}{3}$

(2) 両辺に 10 を掛けて，　$6x-30\leqq2(x-2)+10$

かっこをはずして，　$6x-30\leqq2x-4+10$

移項して整理すると，　$4x\leqq36$

両辺を 4 で割って，　$x\leqq9$

(3) 両辺に 3 を掛けて，　$x-3\geqq3x+9$

移項して整理すると，　$-2x\geqq12$

両辺を -2 で割って，　$x\leqq-6$

(4) 両辺に 12 を掛けて，　$4(2x-1)<3(3x+2)$

$8x-4<9x+6$

移項して整理すると，　$-x<10$

両辺を -1 で割って，　$x>-10$

□ **2**

教科書
p.44

次の不等式を解け。

(1) $\begin{cases}2x-1\geqq3x+4\\-x+4>2(x-2)\end{cases}$　　　(2) $\dfrac{1}{2}\leqq\dfrac{2x+1}{3}\leqq4$

(3) $\begin{cases}4x-7\geqq7x-1\\3x-4\geqq x-8\end{cases}$

ガイド 2つの不等式の解の共通範囲が求める解である。

解答▶ (1) $2x-1\geqq3x+4$ より，

$-x\geqq5$

$x\leqq-5$ ……①

$-x+4>2(x-2)$ より，

$-3x>-8$

$x<\dfrac{8}{3}$ ……②

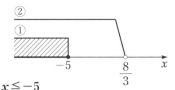

①，②の共通範囲を求めて，　$x\leqq-5$

(2) $\dfrac{1}{2}\leqq\dfrac{2x+1}{3}$ より，

$3\leqq2(2x+1)$

$-4x\leqq-1$

$x\geqq\dfrac{1}{4}$ ……①

$\dfrac{2x+1}{3}\leqq4$ より，

$2x+1\leqq12$

$2x\leqq11$

$x\leqq\dfrac{11}{2}$ ……②

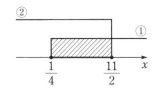

①，②の共通範囲を求めて，　$\dfrac{1}{4}\leqq x\leqq\dfrac{11}{2}$

(3) $4x-7\geqq7x-1$ より，

$-3x\geqq6$

$x\leqq-2$ ……①

$3x-4\geqq x-8$ より，

$2x\geqq-4$

$x\geqq-2$ ……②

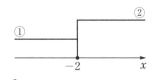

①，②の共通範囲を求めて，　$x=-2$

☑ **3**
教科書
p.44

a は定数で，$a \neq 1$ とする。x についての不等式 $ax < x - 2a$ において，$x=-1$，$x=3$ がいずれもこの不等式の解であるとき，a の値の範囲を求めよ。

ガイド　与えられた不等式に $x=-1$，$x=3$ を代入すると，それぞれaについての不等式となる。それらをaについての連立不等式とみて解く。

解答　$x=-1$ がこの不等式の解であるとき，

$$-a < -1 - 2a$$

よって，　$a < -1$　……①

$x=3$ がこの不等式の解であるとき，

$$3a < 3 - 2a$$

よって，　$a < \dfrac{3}{5}$　……②

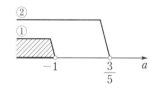

①，②の共通範囲を求めて，　**$a < -1$**

☑ **4**
教科書
p.44

ある整数から 6 を引いて 5 倍すると，34 より大きく 40 より小さくなるという。この整数を求めよ。

ガイド　求める整数をxとおき，条件を不等式で表してみる。

解答　求める整数をxとすると，条件より，

$$34 < 5(x-6) < 40$$

$34 < 5(x-6)$ より，

$$-5x < -64$$

$$x > \dfrac{64}{5}$$

$5(x-6) < 40$ より，

$$5x < 70$$

$$x < 14$$

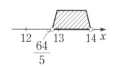

したがって，　$\dfrac{64}{5} < x < 14$

x は整数であるから，条件を満たすxの値は **13**

☑ **5** 次の方程式，不等式を解け。

(1) $\left|\dfrac{1}{2}x+1\right|=2$　　(2) $|1-3x|\leqq4$　　(3) $|5x+3|>4$

ガイド $a>0$ のとき，方程式 $|x|=a$ の解は，$x=\pm a$

不等式 $|x|<a$ の解は，$-a<x<a$

不等式 $|x|>a$ の解は，$x<-a,\ a<x$

を用いる。また，絶対値記号の中の式を1つのまとまりとみる。

解答 (1) $\dfrac{1}{2}x+1$ を1つのまとまりとみると，$\dfrac{1}{2}x+1=\pm2$ であるから，

$$\dfrac{1}{2}x=2-1,\ \dfrac{1}{2}x=-2-1$$

したがって，　$x=2,\ -6$

(2) $1-3x$ を1つのまとまりとみると，　$-4\leqq1-3x\leqq4$

各辺に -1 を掛けて，　$-4\leqq3x-1\leqq4$

各辺に 1 を加えて，　$-3\leqq3x\leqq5$

各辺を 3 で割って，　$-1\leqq x\leqq\dfrac{5}{3}$

(3) $5x+3$ を1つのまとまりとみると，$5x+3<-4,\ 4<5x+3$ であるから，

$$5x<-4-3,\ 4-3<5x$$

したがって，　$x<-\dfrac{7}{5},\ \dfrac{1}{5}<x$

参考 (1) 両辺に $2\,(>0)$ を掛けて，　$|x+2|=4$

$x+2=\pm4$ より，　$x=2,\ -6$

(2) 両辺を $3\,(>0)$ で割って，　$\left|\dfrac{1}{3}-x\right|\leqq\dfrac{4}{3}$

$-\dfrac{4}{3}\leqq\dfrac{1}{3}-x\leqq\dfrac{4}{3}$ より，　$-\dfrac{4}{3}\leqq x-\dfrac{1}{3}\leqq\dfrac{4}{3}$

よって，　$-1\leqq x\leqq\dfrac{5}{3}$

(3) 両辺を $5\,(>0)$ で割って，　$\left|x+\dfrac{3}{5}\right|>\dfrac{4}{5}$

$x+\dfrac{3}{5}<-\dfrac{4}{5},\ \dfrac{4}{5}<x+\dfrac{3}{5}$ より，　$x<-\dfrac{7}{5},\ \dfrac{1}{5}<x$

☐ **6**

教科書
p.44

次の不等式を解け。
$$4 \leqq |x+2| < 5$$

ガイド $4 \leqq |x+2|$ と $|x+2| < 5$ を同時に満たす x の値の範囲を求める。

解答 $4 \leqq |x+2|$ より，

$x+2 \leqq -4,\ 4 \leqq x+2$

よって，　$x \leqq -6,\ 2 \leqq x$ ……①

$|x+2| < 5$ より，

$-5 < x+2 < 5$

よって，　$-7 < x < 3$ ……②

①，②の共通範囲を求めて，

$$-7 < x \leqq -6,\ 2 \leqq x < 3$$

研 究 〉 2重根号 　　　　　　　　　　　　　　　　　発展

☐ **問題** 次の式を簡単にせよ。

教科書
p.45

(1) $\sqrt{5+2\sqrt{6}}$ 　　　　(2) $\sqrt{9-4\sqrt{5}}$ 　　　　(3) $\sqrt{3+\sqrt{5}}$

- -

ガイド $a>0,\ b>0$ のとき，　$\sqrt{a+b+2\sqrt{ab}} = \sqrt{a}+\sqrt{b}$

$a>b>0$ のとき，　　$\sqrt{a+b-2\sqrt{ab}} = \sqrt{a}-\sqrt{b}$

解答 (1) $\sqrt{5+2\sqrt{6}} = \sqrt{(3+2)+2\sqrt{3\times2}} = \sqrt{3}+\sqrt{2}$

(2) $\sqrt{9-4\sqrt{5}} = \sqrt{9-2\sqrt{20}} = \sqrt{(5+4)-2\sqrt{5\times4}} = \sqrt{5}-\sqrt{4}$

$= \sqrt{5}-2$

(3) $\sqrt{3+\sqrt{5}} = \sqrt{\dfrac{6+2\sqrt{5}}{2}} = \dfrac{\sqrt{(5+1)+2\sqrt{5\times1}}}{\sqrt{2}} = \dfrac{\sqrt{5}+1}{\sqrt{2}}$

$= \dfrac{\sqrt{10}+\sqrt{2}}{2}$

章 末 問 題

A

□ 1.
教科書
p.46

次の式を因数分解せよ。

(1) $6x^2+xy-2y^2-5x-y+1$

(2) $abx^2+(a^2+b^2)x-a^2+b^2$

(3) $(x+1)(x+2)(x+3)(x+4)-24$

ガイド (1) 1つの文字について整理し，たすき掛けを用いる。

(3) まず，$(x+1)(x+2)(x+3)(x+4)$ の組み合わせを工夫して展開する。

解答▶ (1) $6x^2+xy-2y^2-5x-y+1$

$=6x^2+(y-5)x-(2y^2+y-1)$

$=6x^2+(y-5)x-(y+1)(2y-1)$

$=\{2x-(y+1)\}\{3x+(2y-1)\}$

$=\boldsymbol{(2x-y-1)(3x+2y-1)}$

$$
\begin{array}{ccc}
2 & \diagdown & -(y+1) \to & -3y-3 \\
3 & \diagup & 2y-1 \to & 4y-2 \\
\hline
& & & y-5
\end{array}
$$

(2) $abx^2+(a^2+b^2)x-a^2+b^2$

$=abx^2+(a^2+b^2)x-(a^2-b^2)$

$=abx^2+(a^2+b^2)x-(a+b)(a-b)$

$=\{ax-(a-b)\}\{bx+(a+b)\}$

$=\boldsymbol{(ax-a+b)(bx+a+b)}$

$$
\begin{array}{ccc}
a & \diagdown & -(a-b) \to & -ab+b^2 \\
b & \diagup & a+b \to & a^2+ab \\
\hline
& & & a^2+b^2
\end{array}
$$

(3) $(x+1)(x+2)(x+3)(x+4)-24$

$=(x+1)(x+4)(x+2)(x+3)-24$

$=(x^2+5x+4)(x^2+5x+6)-24$

$=(x^2+5x)^2+10(x^2+5x)$

$=(x^2+5x)(x^2+5x+10)$

$=\boldsymbol{x(x+5)(x^2+5x+10)}$

□ 2.
教科書
p.46

次の問いに答えよ。

(1) $(\sqrt{2}+\sqrt{3}+\sqrt{5})(\sqrt{2}+\sqrt{3}-\sqrt{5})$ を計算せよ。

(2) $\dfrac{1}{\sqrt{2}+\sqrt{3}+\sqrt{5}}$ の分母を有理化せよ。

ガイド (1) $\sqrt{2}+\sqrt{3}$ を1つのものとみると，乗法公式②が利用できる。

(2) (1)の結果を利用する。

解答 (1) $(\sqrt{2}+\sqrt{3}+\sqrt{5})(\sqrt{2}+\sqrt{3}-\sqrt{5})$

$=\{(\sqrt{2}+\sqrt{3})+\sqrt{5}\}\{(\sqrt{2}+\sqrt{3})-\sqrt{5}\}$

$=(\sqrt{2}+\sqrt{3})^2-(\sqrt{5})^2=(2+2\sqrt{6}+3)-5=\mathbf{2\sqrt{6}}$

(2) $\dfrac{1}{\sqrt{2}+\sqrt{3}+\sqrt{5}}$

$=\dfrac{\sqrt{2}+\sqrt{3}-\sqrt{5}}{(\sqrt{2}+\sqrt{3}+\sqrt{5})(\sqrt{2}+\sqrt{3}-\sqrt{5})}=\dfrac{\sqrt{2}+\sqrt{3}-\sqrt{5}}{2\sqrt{6}}$

$=\dfrac{(\sqrt{2}+\sqrt{3}-\sqrt{5})\times\sqrt{6}}{2\sqrt{6}\times\sqrt{6}}=\dfrac{\mathbf{2\sqrt{3}+3\sqrt{2}-\sqrt{30}}}{\mathbf{12}}$

☐ **3.**

教科書
p.46

$x=\dfrac{\sqrt{3}-1}{\sqrt{3}+1}$ のとき，$x+\dfrac{1}{x}$，$x^2+\dfrac{1}{x^2}$ の値を求めよ。

ガイド $x^2+\dfrac{1}{x^2}=\left(x+\dfrac{1}{x}\right)^2-2\cdot x\cdot\dfrac{1}{x}=\left(x+\dfrac{1}{x}\right)^2-2$ と変形する。

解答 $x=\dfrac{(\sqrt{3}-1)^2}{(\sqrt{3}+1)(\sqrt{3}-1)}=\dfrac{3-2\sqrt{3}+1}{2}=2-\sqrt{3}$

$\dfrac{1}{x}=\dfrac{(\sqrt{3}+1)^2}{(\sqrt{3}-1)(\sqrt{3}+1)}=\dfrac{3+2\sqrt{3}+1}{2}=2+\sqrt{3}$

$\boldsymbol{x+\dfrac{1}{x}}=(2-\sqrt{3})+(2+\sqrt{3})=\mathbf{4}$

$\boldsymbol{x^2+\dfrac{1}{x^2}}=\left(x+\dfrac{1}{x}\right)^2-2\cdot x\cdot\dfrac{1}{x}$

$=4^2-2=16-2=\mathbf{14}$

参考 $x^3+\dfrac{1}{x^3}=\left(x+\dfrac{1}{x}\right)^3-3\left(x+\dfrac{1}{x}\right)=4^3-3\cdot4=52$

$x-\dfrac{1}{x}=(2-\sqrt{3})-(2+\sqrt{3})=-2\sqrt{3}$

$x^2-\dfrac{1}{x^2}=\left(x+\dfrac{1}{x}\right)\left(x-\dfrac{1}{x}\right)=4\cdot(-2\sqrt{3})=-8\sqrt{3}$

$x^3-\dfrac{1}{x^3}=\left(x-\dfrac{1}{x}\right)^3+3\left(x-\dfrac{1}{x}\right)$

$=(-2\sqrt{3})^3+3\cdot(-2\sqrt{3})=-30\sqrt{3}$

☐ **4.**
教科書 p.46

$-2 \leqq a < 3$, $1 \leqq b < 4$ のとき，次の数はどのような範囲の数か求めよ。

(1) $2a$　　　　(2) $-b$　　　　(3) $a+b$　　　　(4) $a-b$

ガイド 不等式の両辺に同じ**正の数**を掛けると，不等号は**同じ向き**となる。

不等式の両辺に同じ**負の数**を掛けると，不等号は**逆の向き**となる。

解答 (1) $-2 \leqq a < 3$ の各辺に 2 を掛けて，　　$-4 \leqq 2a < 6$

(2) $1 \leqq b < 4$ の各辺に -1 を掛けて，　　$-4 < -b \leqq -1$

(3) $$\begin{array}{r} -2 \leqq \quad a \quad < 3 \\ +)\ 1 \leqq \quad b \quad < 4 \\ \hline -1 \leqq a+b < 7 \end{array}$$

(4) $$\begin{array}{r} -2 \leqq \quad a \quad < \quad 3 \\ +)\ -4 < -b \leqq -1 \\ \hline -6 < a-b < 2 \end{array}$$

☐ **5.**
教科書 p.46

$-\dfrac{1}{2} < a < 1$ のとき，$\sqrt{a^2-2a+1} + \sqrt{4a^2+4a+1}$ を計算せよ。

ガイド 一般に，$\sqrt{A^2} = |A|$ である。$\sqrt{}$ の中を $()^2$ の形に変形してみる。

解答 $\sqrt{a^2-2a+1} + \sqrt{4a^2+4a+1} = \sqrt{(a-1)^2} + \sqrt{(2a+1)^2}$

$\qquad\qquad\qquad\qquad\qquad = |a-1| + |2a+1|$

$\sqrt{}$ をはずすときは注意しよう。

$-\dfrac{1}{2} < a < 1$ のとき，$a-1 < 0$, $2a+1 > 0$ である

から，

$\qquad \sqrt{a^2-2a+1} + \sqrt{4a^2+4a+1}$

$= |a-1| + |2a+1|$

$= -(a-1) + (2a+1)$

$= a+2$

参考 問題文に a の値の範囲が記されていないときは，自分で場合分けをし，それも含めて答えとする必要がある。例えば，本問では，

(ⅰ) $a-1 \geqq 0$ かつ $2a+1 \geqq 0$, すなわち，$a \geqq 1$ のとき

(ⅱ) $a-1 < 0$ かつ $2a+1 \geqq 0$, すなわち，$-\dfrac{1}{2} \leqq a < 1$ のとき

(ⅲ) $a-1 < 0$ かつ $2a+1 < 0$, すなわち，$a < -\dfrac{1}{2}$ のとき

のように場合分けされ，それぞれのもとで与式を計算すると，答えは，

「$a \geqq 1$ のとき $3a$, $-\dfrac{1}{2} \leqq a < 1$ のとき $a+2$, $a < -\dfrac{1}{2}$ のとき $-3a$」

となる。

□ **6.**
教科書 **p.46**

　陸上大会で 42 km 走る競技に出場することになった。はじめは時速 13 km で走ることができるが，疲れてくると時速 10 km に速度が落ちてしまう。4 時間以内に走り終えるためには時速 13 km で何 km 以上走らなければならないか。ただし，速度が徐々に変化することは考えないものとする。

ガイド 時速 13 km で x km 走るとして，条件を式に表す。

解答 時速 13 km で x km 走るとすると，時速 10 km で $(42-x)$ km 走ることになる。

条件より，

$$\frac{x}{13}+\frac{42-x}{10}\leqq 4$$

$$10x+13(42-x)\leqq 520$$

$$-3x\leqq -26$$

$$x\geqq \frac{26}{3}$$

よって，$\dfrac{26}{3}$ **km 以上**走らなければならない。

□ **7.**
教科書 **p.47**

　濃度 5 % の食塩水と濃度 25 % の食塩水を混ぜて，濃度が 10 % 以上 15 % 未満の食塩水 200 g を作りたい。濃度 5 % の食塩水をどれだけ入れたらよいか。

ガイド 濃度 5 % の食塩水を x g 入れるとして，条件を式に表す。濃度は，$\dfrac{食塩の量}{食塩水の量}\times 100\,(\%)$ で表される。

解答 濃度 5 % の食塩水を x g 入れるとすると，濃度 25 % の食塩水は $(200-x)$g 入れることになる。

混ぜた後の食塩水の濃度は，

$$\left\{\frac{5}{100}x+\frac{25}{100}(200-x)\right\}\div 200\times 100=-\frac{1}{10}x+25\,(\%)$$

条件より，

$$10\leqq -\frac{1}{10}x+25<15$$

$$10 \leq -\frac{1}{10}x + 25 \quad \text{より,}$$

$$x \leq 150 \quad \cdots\cdots ①$$

$$-\frac{1}{10}x + 25 < 15 \quad \text{より,}$$

$$x > 100 \quad \cdots\cdots ②$$

したがって，　$100 < x \leq 150$

よって，**100 g より多く 150 g 以下**入れればよい。

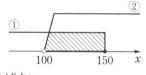

B

□ **8.**
教科書 **p.47**

次の式を因数分解せよ。

(1) $(a+b)(b+c)(c+a) + abc$

(2) $(a+b+1)(ab+a+b) - ab$

(3) $ab(a-b) + bc(b-c) + ca(c-a)$

ガイド (1) 1つの文字について整理し，たすき掛けを用いる。

(2) $a+b$ を1つのまとまりとみるとよい。

(3) 1つの文字について整理する。結果は輪環の順に書くとよい。

解答 (1) $(a+b)(b+c)(c+a) + abc$

$= (b+c)\{a^2 + (b+c)a + bc\} + abc$

$= (b+c)a^2 + \{(b+c)^2 + bc\}a + bc(b+c)$

$= \{a + (b+c)\}\{(b+c)a + bc\}$

$= (\boldsymbol{a+b+c})(\boldsymbol{ab+bc+ca})$

$$\begin{array}{ccc} 1 & \diagdown\diagup & b+c \rightarrow & (b+c)^2 \\ b+c & \diagup\diagdown & bc \rightarrow & bc \\ \hline & & & (b+c)^2 + bc \end{array}$$

(2) $(a+b+1)(ab+a+b) - ab$

$= \{(a+b)+1\}\{(a+b)+ab\} - ab$

$= (a+b)^2 + (1+ab)(a+b) + ab - ab = (a+b)(a+b+1+ab)$

$= (a+b)\{(a+1) + b(a+1)\} = (\boldsymbol{a+b})(\boldsymbol{a+1})(\boldsymbol{b+1})$

(3) $ab(a-b) + bc(b-c) + ca(c-a)$

$= a^2b - ab^2 + bc(b-c) + c^2a - ca^2$

$= (b-c)a^2 - (b^2-c^2)a + (b-c)bc$

$= (b-c)a^2 - (b+c)(b-c)a + (b-c)bc$

$= (b-c)\{a^2 - (b+c)a + bc\}$

$= (b-c)(a-b)(a-c) = -(\boldsymbol{a-b})(\boldsymbol{b-c})(\boldsymbol{c-a})$

参考 (2) a, b のどちらかの文字について整理して解いてもよい。

▱ **9.**
教科書
p.47

次の問いに答えよ。

(1) $x^4+x^2+1=(x^4+2x^2+1)-x^2$ と考えて，x^4+x^2+1 を因数分解せよ。

(2) x^4+4 を因数分解せよ。

ガイド (2) (1)と同様に考える。

解答

(1) $\begin{aligned} x^4+x^2+1&=(x^4+2x^2+1)-x^2\\ &=(x^2+1)^2-x^2\\ &=\{(x^2+1)+x\}\{(x^2+1)-x\}\\ &=\boldsymbol{(x^2+x+1)(x^2-x+1)} \end{aligned}$

(2) $\begin{aligned} x^4+4&=(x^4+4x^2+4)-4x^2\\ &=(x^2+2)^2-4x^2\\ &=(x^2+2)^2-(2x)^2\\ &=\{(x^2+2)+2x\}\{(x^2+2)-2x\}\\ &=\boldsymbol{(x^2+2x+2)(x^2-2x+2)} \end{aligned}$

▱ **10.**
教科書
p.47

$3\sqrt{6}$ の整数部分を a，小数部分を b とするとき，次の式の値を求めよ。

(1) $a+\dfrac{1}{b}$ (2) $2a^2+2ab+b^2$

ガイド $3\sqrt{6}=\sqrt{3^2\cdot6}=\sqrt{54}$

(2) $a+b=3\sqrt{6}$ を利用するために，式を変形する。

$2a^2+2ab+b^2=a^2+(a+b)^2$

解答 $3\sqrt{6}=\sqrt{54}$，$7^2<54<8^2$ より，$7<3\sqrt{6}<8$ であるから，

$a=7$，$b=3\sqrt{6}-7$

(1) $\begin{aligned} a+\dfrac{1}{b}&=7+\dfrac{1}{3\sqrt{6}-7}=7+\dfrac{3\sqrt{6}+7}{(3\sqrt{6}-7)(3\sqrt{6}+7)}\\ &=7+\dfrac{3\sqrt{6}+7}{54-49}=7+\dfrac{3\sqrt{6}+7}{5}=\boldsymbol{\dfrac{42+3\sqrt{6}}{5}} \end{aligned}$

(2) $\begin{aligned} 2a^2+2ab+b^2&=a^2+(a^2+2ab+b^2)=a^2+(a+b)^2\\ &=7^2+(3\sqrt{6})^2=49+54=\boldsymbol{103} \end{aligned}$

☐11.
教科書 **p.47**

a は定数で，$a \neq 1$ とするとき，x についての不等式 $ax+2<x+2a$ を解け。

ガイド まず，x について整理する。

解答 移項して整理すると，

$$ax-x<2a-2$$
$$(a-1)x<2(a-1)$$

(i) $a-1>0$，すなわち，$a>1$ のとき，
両辺を $a-1$ で割って，　$x<2$

(ii) $a-1<0$，すなわち，$a<1$ のとき，
両辺を $a-1$ で割って，　$x>2$

正の数で割る場合と負の数で割る場合に分けて考えよう。

(i)，(ii)より，

$a>1$ のとき，$x<2$

$a<1$ のとき，$x>2$

参考 $a \neq 1$ という条件があるから，$a=1$ の場合については考えなかったが，この場合について調べてみると，次のようになる。

$a=1$ のとき，与えられた不等式は，

$$x+2<x+2$$

これを満たすような x は存在しない。

よって，$a=1$ のとき，解はない。

☐12.
教科書 **p.47**

いくつかのみかんを何人かで分ける。1人に6個ずつ分けると38個残り，1人に15個ずつ分けると最後の1人分が何個か不足するという。人数とみかんの個数を求めよ。

ガイド 求める人数を x 人として，条件を不等式に表す。

解答 求める人数を x 人とすると，みかんの個数は $(6x+38)$ 個と表される。

条件より，

$$15(x-1)<6x+38<15x$$

$15(x-1)<6x+38$ より，

$$9x<53$$

$$x<\frac{53}{9} \quad \cdots\cdots①$$

$6x+38<15x$ より，

$\quad -9x<-38$

$\quad x>\dfrac{38}{9}$ ……②

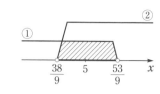

したがって，　$\dfrac{38}{9}<x<\dfrac{53}{9}$

x は整数であるから，条件を満たす x の値は 5

$x=5$ を $6x+38$ に代入すると，　$6x+38=6\cdot5+38=68$

よって，　求める人数は **5人**，みかんの個数は **68個**

□13.
教科書
p.47
　不等式 $3x+a<4x<x+12$ を満たす整数 x がちょうど 2 個存在するような，定数 a の値の範囲を求めよ。

ガイド　まず，$3x+a<4x<x+12$ を x についての不等式とみて解き，x の値の範囲が整数をちょうど 2 個含むような a の値の範囲を考える。

解答▶　$3x+a<4x$ より，

$\quad -x<-a$

$\quad x>a$ 　　……①

$4x<x+12$ より，

$\quad 3x<12$

$\quad x<4$ 　　……②

解が存在するから，　$a<4$

①と②の共通範囲を求めると，

$\quad a<x<4$ 　　……③

したがって，③を満たす整数 x がちょうど 2 個存在するような定数 a の値の範囲は，

$\quad 1\leqq a<2$

参考　条件より，具体的な整数解は，$x=2,\ 3$ である。答えが正しいか確かめるために，$a=1,\ \dfrac{3}{2},\ 2$ などを代入してみるとよい。

思考力を養う 何票あれば当選できる？ 課題学習

　40人のクラスで1人1票ずつ投票し，得票数の上位2人をクラス代表に選ぶ。ただし，1位が3人以上いる場合は，くじ引きで2人を決定する。また，1位が1人で2位が2人以上いる場合は，2位の中でくじ引きをして2人目を決定する。

　Aが最初の投票で必ず当選するためには最低何票必要だろうか。

☑ **Q1** 　Aの得票数が18票だったとする。このとき，Aは他の人の得票数に
教科書
p.48 関係なく最初の投票で必ず当選する。その理由を説明してみよう。

- -

ガイド 　A以外の残りの票数に着目する。

解答 　残りの22票をどう分け合っても，A以外の2人の得票数が同時に
Aの得票数である18票以上になることはないからである。

☑ **Q2** 　Aの得票数をx票とする。Q1の考察をもとに，Aが他の人の得票数
教科書
p.48 に関係なく最初の投票で必ず当選する条件を，xを用いて式に表してみ
よう。また，その式をもとに最初の投票でAが必ず当選するために必要
な最低得票数を求めてみよう。

- -

ガイド 　A以外の2人の得票数が同時にAの得票数であるx票以上にならな
ければ，Aは必ず当選する。

解答 　残りの票数である$(40-x)$票が$2x$票未満であれば，Aは必ず当選
することになる。

したがって，求める条件は，　**$40-x<2x$**　……①

①を解いて，　$x>\dfrac{40}{3}=13.33\cdots$

よって，最初の投票でAが必ず当選するために必要な最低得票数は，
14票である。

別解 　A以外の2人が残りの票数$(40-x)$票を全部分け合ったとしても，
Aがそれより多い票を集めれば必ず上位2位以内に入れて，当選でき
る。

したがって，求める条件は，　$x>\dfrac{40-x}{2}$

これを解いて，　$x > \dfrac{40}{3} = 13.33\cdots\cdots$

よって，最初の投票でAが必ず当選するために必要な最低得票数は，**14票**である。

□**Q 3**　40人から3人のクラス代表を選ぶ場合や，1人2票ずつ投票する
教科書
p.48　場合など，条件を変えて，いろいろな問題を作って考えてみよう。

- -

ガイド　40人から3人のクラス代表を選ぶ場合は，A以外の3人の得票数
が同時にAの得票数以上にならなければよい。

1人2票ずつ投票する場合は，投票数が80票あると考える。

解答　40人から3人のクラス代表を選ぶ場合，Aの得票数を y 票とする
と，A以外の3人の得票数が同時にAの得票数である y 票以上にならな
ければ，Aは必ず当選する。すなわち，残りの票数である $(40-y)$
票が $3y$ 票未満であれば，Aは必ず当選することになる。

したがって，求める条件は，　$40 - y < 3y$

これを解いて，　$y > 10$

よって，この場合に，最初の投票でAが必ず当選するために必要な
最低得票数は，11票である。

また，1人2票ずつ投票し，2人のクラス代表を選ぶ場合は，Aの得
票数を z 票とすると，残りの票数である $(80-z)$ 票が $2z$ 票未満であ
れば，Aは必ず当選することになる。

したがって，求める条件は，　$80 - z < 2z$

これを解いて，　$z > \dfrac{80}{3} = 26.66\cdots\cdots$

よって，この場合に，最初の投票でAが必ず当選するために必要な
最低得票数は，27票である。

その他，1人2票ずつ投票し，3人のクラス代表を選ぶ場合など，い
ろいろな問題を作ることができ，同様に，1次不等式を用いて，最低得
票数を求めることができる。

第2章 2次関数

第1節 関数とグラフ

1 関数

☑ **問 1** 次の関数 $f(x)$ について，$f(2)$，$f(-1)$，$f(a-1)$ を求めよ。

教科書 **p.50**

(1) $f(x)=4x-6$　　　　　(2) $f(x)=x^2-1$

- -

ガイド 2つの変数 x，y があって，x の値を定めると，それに対応して y の値がただ1つに定まるとき，y は x の**関数**であるという。

y が x の関数であることを，**$y=f(x)$** と表す。

関数 $y=f(x)$ では，変数 x の値が a のとき，それに対応する y の値を $f(a)$ で表す。これを $x=a$ における関数 $f(x)$ の**値**という。

解答 (1) $f(2)=4\cdot2-6=8-6=2$

$f(-1)=4\cdot(-1)-6=-4-6=-10$

$f(a-1)=4\cdot(a-1)-6=4a-4-6=4a-10$

(2) $f(2)=2^2-1=4-1=3$

$f(-1)=(-1)^2-1=1-1=0$

$f(a-1)=(a-1)^2-1=a^2-2a+1-1=a^2-2a$

☑ **問 2** 次の座標で表される点は第何象限にあるか。

教科書 **p.51**

(1) $(2, -3)$　　(2) $(1, 2)$　　(3) $(-4, 5)$　　(4) $(-5, -3)$

- -

ガイド 平面上に，原点Oで直交する2つの数直線をもとにして座標軸を定めると，平面上の点Pの位置は，2つの実数の組 (a, b) で表される。

このとき，(a, b) を点Pの**座標**といい，点PをP(a, b) と表す。

座標軸の定められた平面を，**座標平面**という。座標平面は，座標軸によって，右の図のように4つの部分（**象限**という）に分けられる。

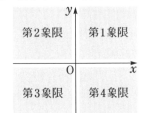

第2象限	第1象限
第3象限	第4象限

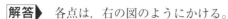

解答 各点は，右の図のようにかける。

(1) **第4象限**　　(2) **第1象限**

(3) **第2象限**　　(4) **第3象限**

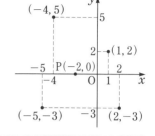

注意 点 P$(-2, 0)$ は，右の図のようにかけ
る。このような座標軸上の点は，どの象
限にも属さない。点Pは，x軸上の点，
または，x軸の負の部分の点とよばれる。

ポイント プラス

関数 $y=f(x)$ に対して，xの値
と，それに対応するyの値からなる
座標平面上の点 $(x, f(x))$ の全体で
表される図形を，関数 $f(x)$ の**グラ
フ**といい，$y=f(x)$ をこのグラフ
の**方程式**という。

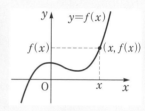

問3 a, b が次を満たすとき，点 (a, b) は第何象限にあるか。

教科書 **p.51**

(1) $a>0, b<0$　　　　　(2) $a<0, b>0$

ガイド a, b の符号によって，点 (a, b) がどの象限にあるかを考える。
a, b に具体的な数字をあてはめて考えてもよい。

解答 (1) **第4象限**　　　　　(2) **第2象限**

問4 長さ 40 cm の針金を折り曲げて，縦より横が

教科書 **p.52**
長い長方形を作る。縦の長さを x cm，横の長さ
を y cm として，yをxの関数で表し，この関数
の定義域と値域を求めよ。

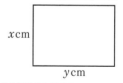

ガイド 関数 $y=f(x)$ に対して，変数xのとる値の範囲を関数の**定義域**と
いい，xの値に対応してyのとる値の範囲を関数の**値域**という。
定義域が制限された関数を表すとき，その定義域をかっこ内に示し，
　　$y=f(x)\ (a\leq x\leq b)$
のように書くことがある。なお，定義域が特に示されていないときは，
その関数が意味をもつ範囲で可能な限り定義域を広くとる。

解答 $2(x+y)=40$ より，　$y=-x+20$

縦 x cm は，辺の長さであるから，　$x>0$

横 y cm は，縦 x cm より長いから，　$y=-x+20>x$，　$x<10$

よって，**定義域**は，　$0<x<10$

この関数のグラフは，直線 $y=-x+20$ の
$0<x<10$ に対応する部分で，右の図の実線部分
（ただし，。の点を含まない。）になる。

　　よって，**値域**は，　$10<y<20$

問 5　次の関数の最大値，最小値を求めよ。

教科書
p.53　　(1)　$y=x-5$ $(-2 \leqq x \leqq 2)$　　　　(2)　$y=-2x+3$ $(1 \leqq x \leqq 3)$

ガイド　関数において，その値域に最も大きい値
があるとき，その値をこの関数の**最大値**と
いい，その値域に最も小さい値があるとき，
その値をこの関数の**最小値**という。

　　関数の最大値，最小値を求めるには，グ
ラフをかいてみるとよい。

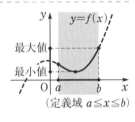

（定義域 $a \leqq x \leqq b$）

解答　(1)　この関数のグラフは，直線 $y=x-5$ の
　　$-2 \leqq x \leqq 2$ に対応する部分で，右の図の実線部
　　分（ただし，•の点を含む。）になる。

　　　　したがって，値域は $-7 \leqq y \leqq -3$ となり，

　　　　　　$x=2$ のとき最大値 -3 をとり，

　　　　　　$x=-2$ のとき最小値 -7 をとる。

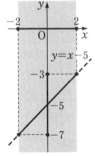

　　(2)　この関数のグラフは，直線 $y=-2x+3$ の
　　$1 \leqq x \leqq 3$ に対応する部分で，右の図の実線部分
　　（ただし，•の点を含む。）になる。

　　　　したがって，値域は $-3 \leqq y \leqq 1$ となり，

　　　　　　$x=1$ のとき最大値 1 をとり，

　　　　　　$x=3$ のとき最小値 -3 をとる。

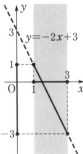

⚠️**注意**　関数の形や定義域によって，最大値や最小値がない場合もある。
例えば，次の関数

$$y=\frac{1}{2}x+1 \ (-4\leqq x<1)$$

において，グラフは右の図の実線部分(ただし，
●の点を含み，○の点を含まない。)になる。

したがって，値域は $-1\leqq y<\frac{3}{2}$ となるが，

この値域には最も大きい値がないから，最大値は
ない。

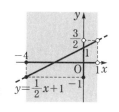

2　2次関数のグラフ

☐ **問6**　次の2次関数のグラフをかけ。

教科書
p.54　　(1)　$y=3x^2$　　　　　　　(2)　$y=-\frac{1}{3}x^2$

ガイド　x の2次式で表される関数 y を，x の**2次関数**という。

　一般に，a, b, c を定数，$a\neq0$ として，x の2次関数は，

$$y=ax^2+bx+c$$

の形に表される。

　2次関数 $y=ax^2$ のグラフが表すような曲線を**放物線**という。放物線は限りなくのびた曲線で，対称の軸をもっている。その対称の軸を**軸**，軸と放物線の交点を**頂点**という。

　$y=ax^2$ のグラフの軸は y 軸，頂点は原点Oである。

$a>0$ のとき**下に凸**　　$a<0$ のとき**上に凸**

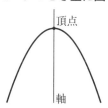

　また，0でない定数 a に対して，関数 $y=ax^2$ と関数 $y=-ax^2$ のグラフは，x 軸に関して対称の位置にある。

解答▶ グラフは右の図のようになる。軸は
ともに y 軸，頂点はともに原点Oであ
る。

- -

**テク
ニック** 2次関数のグラフのかき方
・頂点と他の1点をかき入れる。それ
　らの点については，座標がわかるよ
　うに，補助線を引き，x 軸，y 軸上に
　それぞれ x 座標，y 座標の値を書く。
・頂点付近は，なめらかな曲線である。
　とがらないように，ていねいにかく。

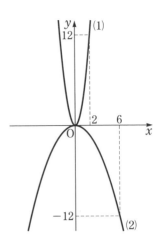

問7 次の2次関数のグラフの頂点を求め，そのグラフをかけ。

教科書
p.55　(1)　$y=x^2-4$　　　　　　　　(2)　$y=-2x^2+8$

- -

ガイド 平面上で図形を一定の向きに一定の距離だけ動かすことを，**平行移
動**という。

> **ここがポイント** 👉
> 　　2次関数 $y=ax^2+q$ のグラフは，
> $y=ax^2$ のグラフを y 軸方向に q だけ平行移動した放物線で，
> 　　　　軸は y 軸，　　頂点は点 $(0,\ q)$

(1)　$y=x^2$（下に凸）のグラフを y 軸方向に -4 だけ平行移動させ
　　ればよい。

(2)　$y=-2x^2$（上に凸）のグラフを y 軸方向に 8 だけ平行移動させ
　　ればよい。

$y=ax^2+q$ のときは，
$y=ax^2$ を上下に
移動させよう！

解答 (1) **頂点は点** $(0, -4)$　　　(2) **頂点は点** $(0, 8)$

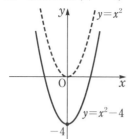 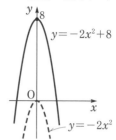

問 8 次の2次関数のグラフの軸と頂点を求め，そのグラフをかけ。

教科書 **p.56**　(1) $y=3(x-2)^2$　　　(2) $y=-2(x+3)^2$

ガイド 点 $(p, 0)$ を通り，y 軸に平行な直線を**直線 $x=p$** と表す。

ここがポイント

2次関数 $y=a(x-p)^2$ のグラフは，

$y=ax^2$ のグラフを x 軸方向に p だけ平行移動した放物線で，

軸は直線 $x=p$，　頂点は点 $(p, 0)$

(1) $y=3x^2$（下に凸）のグラフを x 軸方向に 2 だけ平行移動させればよい。

(2) $y=-2(x+3)^2=-2\{x-(-3)\}^2$ と考えて，$y=-2x^2$（上に凸）のグラフを x 軸方向に -3 だけ平行移動させればよい。

解答 (1) **軸は直線 $x=2$**　　(2) **軸は直線 $x=-3$**

頂点は点 $(2, 0)$　　　　**頂点は点 $(-3, 0)$**

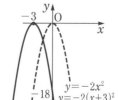

参考 点 $(0, q)$ を通り，x 軸に平行な直線を直線 $y=q$ と表す。

□ **問 9**　次の2次関数のグラフの軸と頂点を求め，そのグラフをかけ。

教科書
p.57
(1)　$y=(x-1)^2+3$ 　　　　　(2)　$y=-(x-2)^2+1$

(3)　$y=\dfrac{1}{3}(x+3)^2-2$ 　　　(4)　$y=-\dfrac{1}{2}(x+1)^2-1$

ガイド

ここがポイント ☞ **[$y=a(x-p)^2+q$ のグラフ]**

2次関数 $y=a(x-p)^2+q$ の
グラフは，

$\quad y=ax^2$ のグラフを

$\quad x$ 軸方向に p，y 軸方向に q

だけ平行移動した放物線で，

$\quad$ 軸は直線 $x=p$，　　頂点は点 $(p,\ q)$

x軸方向に p
y軸方向に q → $y=a(x-p)^2+q$
↑ y軸方向に q
$y=ax^2$ → $y=a(x-p)^2$
x軸方向に p

解答

(1)　**軸は直線 $x=1$**
　　頂点は点 $(1,\ 3)$

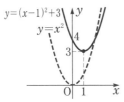

(2)　**軸は直線 $x=2$**
　　頂点は点 $(2,\ 1)$

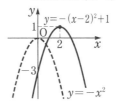

(3)　**軸は直線 $x=-3$**
　　頂点は点 $(-3,\ -2)$

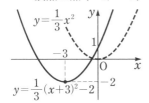

(4)　**軸は直線 $x=-1$**
　　頂点は点 $(-1,\ -1)$

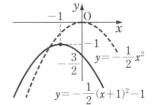

2次関数 $y=a(x-p)^2+q$ のグラフのかき方

$$y=\boxed{a}(x-\boxed{p})^2+\boxed{q}$$

$y=\boxed{a}x^2$ と同じ形　軸は直線 $x=\boxed{p}$　頂点は点 $(\boxed{p}, \boxed{q})$

　グラフをかくときは，座標軸をかき，原点を定めてから，次の手順で進めるとよい。

1．まず，頂点の位置を決める。

2．次に，$y=ax^2$ と同じ形の放物線をかく。

3．さらに，2次関数の式に $x=0$ を代入して，y 軸との交点の y 座標の値を書く。

問10 次の2次関数を $y=a(x-p)^2+q$ の形に変形せよ。

教科書 **p.58**

(1) $y=x^2+4x-1$

(2) $y=-3x^2+6x+1$

(3) $y=2x^2+6x+1$

(4) $y=\dfrac{1}{2}x^2-3x+4$

- -

ガイド (2)～(4)　まず，2次と1次の項から x^2 の係数をくくり出す。

解答

(1) $y=x^2+4x-1$
$=(x+2)^2-2^2-1$
$=(x+2)^2-5$

(2) $y=-3x^2+6x+1$
$=-3(x^2-2x)+1$
$=-3\{(x-1)^2-1^2\}+1$
$=-3(x-1)^2+3+1$
$=-3(x-1)^2+4$

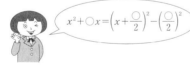
$x^2+\bigcirc x=\left(x+\dfrac{\bigcirc}{2}\right)^2-\left(\dfrac{\bigcirc}{2}\right)^2$

(3) $y=2x^2+6x+1$
$=2(x^2+3x)+1$
$=2\left\{\left(x+\dfrac{3}{2}\right)^2-\left(\dfrac{3}{2}\right)^2\right\}+1$
$=2\left(x+\dfrac{3}{2}\right)^2-\dfrac{9}{2}+1$
$=2\left(x+\dfrac{3}{2}\right)^2-\dfrac{7}{2}$

(4) $y=\dfrac{1}{2}x^2-3x+4$
$=\dfrac{1}{2}(x^2-6x)+4$
$=\dfrac{1}{2}\{(x-3)^2-3^2\}+4$
$=\dfrac{1}{2}(x-3)^2-\dfrac{9}{2}+4$
$=\dfrac{1}{2}(x-3)^2-\dfrac{1}{2}$

ポイント プラス ☞

　2次式 ax^2+bx+c を，$a(x-p)^2+q$ の形に変形すること
を**平方完成**という。

$$ax^2+bx+c=\underline{a\left(x^2+\dfrac{b}{a}x\right)+c}\quad\text{—}\ x^2\text{の係数をくくり出す。}$$

$$=a\left\{\left(x+\dfrac{b}{2a}\right)^2-\left(\dfrac{b}{2a}\right)^2\right\}+c\quad\text{—}\ \left(x+\dfrac{x\text{の係数}}{2}\right)^2-\left(\dfrac{x\text{の係数}}{2}\right)^2$$

$$=a\left(x+\dfrac{b}{2a}\right)^2-a\cdot\dfrac{b^2}{4a^2}+c\quad\text{—}\ \text{符号などに特に注意する。}$$

$$=a\left(x+\dfrac{b}{2a}\right)^2-\dfrac{b^2-4ac}{4a}$$

問11　次の2次関数のグラフをかけ。

教科書
p.59　　(1)　$y=2x^2+8x+5$　　　　　　(2)　$y=-3x^2+6x$

- -

ガイド　2次関数 $y=ax^2+bx+c$ のグラフを**放物線 $y=ax^2+bx+c$** と
いう。また，$y=ax^2+bx+c$ をこの**放物線の方程式**という。

ここがポイント ☞ [$y=ax^2+bx+c$ のグラフ]

　2次関数 $y=ax^2+bx+c$ グラフは，
$y=ax^2$ のグラフを平行移動した放物線で，

$$\text{軸は直線 } x=-\dfrac{b}{2a},\quad \text{頂点は点}\left(-\dfrac{b}{2a},\ -\dfrac{b^2-4ac}{4a}\right)$$

　$a>0$ のとき下に凸，　$a<0$ のとき上に凸

　具体的には，右辺を平方完成して，軸と頂点を調べる。また，y 軸
との交点を求めておくとよい。

解答　(1)　$y=2x^2+8x+5$
　　　　　　　$=2(x^2+4x)+5$
　　　　　　　$=2\{(x+2)^2-2^2\}+5$
　　　　　　　$=2(x+2)^2-8+5$
　　　　　　　$=2(x+2)^2-3$

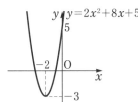

したがって，この関数のグラフは，軸が直線 $x=-2$，頂点が点
$(-2,\ -3)$ で，下に凸の放物線である。

　また，グラフは y 軸と点 $(0,\ 5)$ で交わり，上の図のようになる。

(2) $y=-3x^2+6x$

$\quad=-3(x^2-2x)$

$\quad=-3\{(x-1)^2-1^2\}$

$\quad=-3(x-1)^2+3$

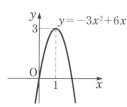

したがって，この関数のグラフは，軸が直線 $x=1$，頂点が点 $(1, 3)$ で，上に凸の放物線である。

また，グラフは y 軸と原点Oで交わり，上の図のようになる。

問12 放物線 $y=-x^2+8x-9$ を放物線 $y=-x^2-4x+5$ に重ねるには，どのように平行移動すればよいか。

教科書 **p.60**

ガイド いずれも放物線 $y=-x^2$ を平行移動したものであるから，平行移動してグラフを重ねることができる。このとき，2つのグラフの頂点も重なるから，それぞれの頂点の位置関係に着目すればよい。

解答 $y=-x^2+8x-9$

$\quad=-(x^2-8x)-9$

$\quad=-\{(x-4)^2-4^2\}-9$

$\quad=-(x-4)^2+16-9$

$\quad=-(x-4)^2+7$

$y=-x^2+8x-9$

のグラフの頂点は点 $(4, 7)$

$y=-x^2-4x+5$

$\quad=-(x^2+4x)+5$

$\quad=-\{(x+2)^2-2^2\}+5$

$\quad=-(x+2)^2+4+5$

$\quad=-(x+2)^2+9$

$y=-x^2-4x+5$

のグラフの頂点は点 $(-2, 9)$

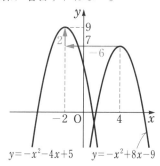

頂点は，
x 軸方向に $-2-4=-6$
y 軸方向に $9-7=2$
だけ移動させる
ことになるね。

よって，頂点を重ねることを考えて，放物線 $y=-x^2+8x-9$ を，**x 軸方向に -6，y 軸方向に 2 だけ平行移動すればよい。**

参考　放物線 $y=-x^2+8x-9=-(x-4)^2+7$ を x 軸方向に p, y 軸方向に q だけ平行移動した放物線は，放物線 $y=-x^2$ を x 軸方向に $4+p$, y 軸方向に $7+q$ だけ平行移動した放物線と同じである。

したがって，この放物線の方程式は，

$$y=-\{x-(4+p)\}^2+(7+q)$$

と表される。

右辺を展開して整理すると，

$$y=-x^2+2(4+p)x-p^2-8p+q-9$$

となる。

これが，放物線 $y=-x^2-4x+5$ と重なることから，x の1次の項，定数項を比較して，

$$\begin{cases} 2(4+p)=-4 \\ -p^2-8p+q-9=5 \end{cases}$$

を解き，p, q の値を求めてもよい。

問13　放物線 $y=2x^2-8x+1$ を x 軸方向に -3, y 軸方向に 5 だけ平行移動した放物線の方程式を求めよ。

教科書
p.60

- -

ガイド　右辺を平方完成し，頂点の座標を求める。x 軸方向に -3, y 軸方向に 5 だけ平行移動した頂点の座標を考える。

解答　$y=2x^2-8x+1$
$\quad\quad =2(x^2-4x)+1$
$\quad\quad =2\{(x-2)^2-2^2\}+1$
$\quad\quad =2(x-2)^2-8+1$
$\quad\quad =2(x-2)^2-7$

頂点は点 $(2, -7)$ で，平行移動すると点 $(-1, -2)$ に移る。

したがって，　　$\boldsymbol{y=2(x+1)^2-2}$

平行移動した後の頂点は，
x 座標：$2+(-3)=-1$
y 座標：$-7+5=-2$
より，点 $(-1, -2)$ になるね。

3 2次関数の決定

□ **問14** 次の条件を満たす放物線をグラフとする2次関数を求めよ。

教科書 **p.61**

(1) 点 $(1, 3)$ を頂点とし，点 $(2, -1)$ を通る。

(2) 軸が直線 $x = -2$ で，2点 $(0, 5)$，$(1, 20)$ を通る。

ガイド 頂点や軸がわかっているから，$y = a(x-p)^2 + q$ の形の式を利用する。これに，通る点の座標を代入して文字の値を求めると，放物線の方程式が得られる。

解答 (1) 頂点が点 $(1, 3)$ であるから，求める2次関数は，

$$y = a(x-1)^2 + 3$$

とおける。このグラフが点 $(2, -1)$ を通るから，

$$-1 = a(2-1)^2 + 3$$

これより，　$a = -4$

よって，　$\boldsymbol{y = -4(x-1)^2 + 3}$

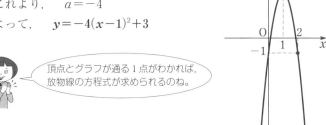

頂点とグラフが通る1点がわかれば，放物線の方程式が求められるのね。

(2) 軸が直線 $x = -2$ であるから，求める2次関数は，

$$y = a(x+2)^2 + q$$

とおける。このグラフが2点 $(0, 5)$，$(1, 20)$ を通るから，

$$\begin{cases} 4a + q = 5 \\ 9a + q = 20 \end{cases}$$

これを解いて，　$a = 3$，$q = -7$

よって，　$\boldsymbol{y = 3(x+2)^2 - 7}$

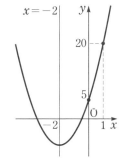

軸がわかっているときは，グラフが通る2点がわかればいいんだね。

教科書
p.62

問15 3点 $(-1, 7)$, $(2, 10)$, $(3, 19)$ を通る放物線をグラフとする2次関数を求めよ。

ガイド 3つの文字についての1次方程式を組にしたものを**連立3元1次方程式**という。これを解くには，1つの文字を消去し，残りの文字についての連立方程式を解けばよい。

　　　グラフが通る3点がわかっているから，$y=ax^2+bx+c$ の形の式を利用して，連立3元1次方程式を導く。

解答 求める2次関数を，$y=ax^2+bx+c$ とおく。

　　この関数のグラフが，

　　点 $(-1, 7)$ を通るから，　　$a-b+c=7$　　……①

　　点 $(2, 10)$ を通るから，　　$4a+2b+c=10$　……②

　　点 $(3, 19)$ を通るから，　　$9a+3b+c=19$　……③

　　②－①より，　　$3a+3b=3$

　　すなわち，　　$a+b=1$　　　……④

　　③－①より，　　$8a+4b=12$

　　すなわち，　　$2a+b=3$　　　……⑤

　　④，⑤を解いて，

　　　　$a=2$,　$b=-1$

　　これらを①に代入して，

　　　　$c=4$

　　よって，　　$\boldsymbol{y=2x^2-x+4}$

まず，1つの文字を消去するときは，①～③で係数が等しい文字 c を消去するといいよ。

テクニック 2次関数を決定する方法

・標準形 $y=a(x-p)^2+q$ を利用する。

　……頂点の座標 (p, q) や軸の方程式 $x=p$ がわかっているときに有効である。

・一般形 $y=ax^2+bx+c$ を利用する。

　……グラフが通る3点 (x_1, y_1), (x_2, y_2), (x_3, y_3) がわかっているときに有効である。

研究〉 関数のグラフの平行移動

問題 1　x 軸方向に 2, y 軸方向に -3 だけ移動した点の座標が次のようになる

教科書
p.64
とき，もとの点の座標を求めよ。

　(1)　(3, 1)　　　　　　(2)　(5, -2)　　　　　(3)　(2, -3)

ガイド　x 軸方向に p, y 軸方向に q だけ移動した点の座標が (a, b) のとき，もとの点の座標は $(a-p, b-q)$ である。

解答　(1)　(1, 4)　　　　　(2)　(3, 1)　　　　　(3)　(0, 0)

問題 2　放物線 $y=-2x^2+x+1$ を x 軸方向に -3, y 軸方向に 1 だけ平行移

教科書
p.65
動した放物線の方程式を求めよ。

- -

ガイド　放物線 $y=ax^2+bx+c$ を x 軸方向に p, y 軸方向に q だけ平行移
動した放物線の方程式は，x を $x-p$, y を $y-q$ でおき換えた

$$y-q=a(x-p)^2+b(x-p)+c$$

である。

解答　x 軸方向に -3, y 軸方向に 1 だけ平行移動するから，

$$x \to x-(-3)=x+3 \qquad y \to y-1$$

とおき換えて，

$$y-1=-2(x+3)^2+(x+3)+1$$

これを整理すると，

$$y=-2x^2-11x-13$$

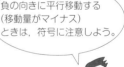

負の向きに平行移動する
（移動量がマイナス）
ときは，符号に注意しよう。

参考　もとの方程式の右辺を平方完成すると，

$$y=-2\left(x-\frac{1}{4}\right)^2+\frac{9}{8}$$

この放物線を x 軸方向に -3, y 軸方向に 1 だけ平行移動した放物
線の方程式は，

$$y=-2\left\{x-\frac{1}{4}-(-3)\right\}^2+\frac{9}{8}+1=-2x^2-11x-13$$

となり，**解答** で得られたものと確かに一致する。

研究 〉 関数のグラフの対称移動

問題　　放物線 $y=-2x^2+4x+2$ を x 軸，y 軸，原点に関して対称移動した放
教科書
p.66　　物線の方程式を，それぞれ求めよ。

- -

ガイド　　一般に，関数 $y=f(x)$ のグラフ
を x 軸，y 軸，原点に関して**対称移動**
したグラフを表す関数は，それぞれ，

　　　　x 軸：$y=-f(x)$
　　　　y 軸：$y=f(-x)$
　　　　原点：$y=-f(-x)$

である。

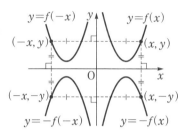

解答　　放物線 $y=-2x^2+4x+2$ を，**x 軸**に関して対称移動した放物線の
方程式は，

$$y=-(-2x^2+4x+2)=2x^2-4x-2$$

y 軸に関して対称移動した放物線の方程式は，

$$y=-2\cdot(-x)^2+4\cdot(-x)+2=-2x^2-4x+2$$

原点に関して対称移動した放物線の方程式は，

$$y=-\{-2\cdot(-x)^2+4\cdot(-x)+2\}=2x^2+4x-2$$

参考　　もとの放物線の頂点を求めて，それぞれの対称移動により，頂点が
どのように移動するかを考えてもよい。このとき，x^2 の係数の絶対値
は変わらない。

別解　　$y=-2x^2+4x+2=-2(x-1)^2+4$ であるから，グラフは頂点が
点 $(1,\ 4)$ で，上に凸の放物線である。

　　この放物線を**x 軸**に関して対称移動すると，頂点が点 $(1,\ -4)$ で，
下に凸の放物線となる。

　　よって，　$y=2(x-1)^2-4=2x^2-4x-2$

　　また，**y 軸**に関して対称移動すると，頂点が点 $(-1,\ 4)$ で，上に凸
の放物線となる。

　　よって，　$y=-2\{x-(-1)\}^2+4=-2x^2-4x+2$

　　同様に，**原点**に関して対称移動すると，頂点が点 $(-1,\ -4)$ で，下
に凸の放物線となる。

　　よって，　$y=2\{x-(-1)\}^2-4=2x^2+4x-2$

節 末 問 題

□ **1**

教科書
p.67

次の関数のグラフをかけ。

(1) $y=2x^2-2$　　　　　　　(2) $y=-x^2-\dfrac{1}{2}x$

(3) $y=\dfrac{1}{2}x^2+x-\dfrac{1}{4}$　　　(4) $y=2(x+1)(x-3)$

ガイド　(2)～(4)　右辺を平方完成して，軸と頂点を調べる。また，$x=0$ を
代入して，y 軸との交点を求めておくとよい。

解答　(1)　$y=2x^2$（下に凸）のグラフを y 軸方
向に -2 だけ平行移動させればよい。
また，$y=2x^2-2=2(x+1)(x-1)$
より，$x=\pm 1$ のとき $y=0$ であるか
ら，右の図のようになる。

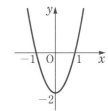

(2)　$y=-x^2-\dfrac{1}{2}x=-\left(x^2+\dfrac{1}{2}x\right)$

$\qquad =-\left\{\left(x+\dfrac{1}{4}\right)^2-\left(\dfrac{1}{4}\right)^2\right\}=-\left(x+\dfrac{1}{4}\right)^2+\dfrac{1}{16}$

したがって，この関数のグラフは，

軸が直線 $x=-\dfrac{1}{4}$，頂点が点 $\left(-\dfrac{1}{4},\ \dfrac{1}{16}\right)$

で，上に凸の放物線である。

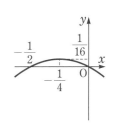

また，グラフは y 軸と原点Oで交わ

り，$y=-x^2-\dfrac{1}{2}x=-x\left(x+\dfrac{1}{2}\right)$ より，

$x=0,\ -\dfrac{1}{2}$ のとき $y=0$ であるから，

右の図のようになる。

(3)　$y=\dfrac{1}{2}x^2+x-\dfrac{1}{4}=\dfrac{1}{2}(x^2+2x)-\dfrac{1}{4}$

$\qquad =\dfrac{1}{2}\{(x+1)^2-1^2\}-\dfrac{1}{4}=\dfrac{1}{2}(x+1)^2-\dfrac{3}{4}$

したがって，この関数のグラフは，軸が直線 $x=-1$，頂点が

点 $\left(-1,\ -\dfrac{3}{4}\right)$ で下に凸の放物線である。

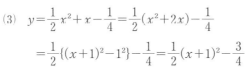

第
2
章

2次関数

また，グラフは y 軸と点 $\left(0,\ -\dfrac{1}{4}\right)$ で

交わり，右の図のようになる。

(4)　$y=2(x+1)(x-3)$

$\qquad =2(x^2-2x-3)$

$\qquad =2\{(x-1)^2-1^2-3\}$

$\qquad =2(x-1)^2-8$

したがって，この関数のグラフは，

軸が直線 $x=1$, 頂点が点 $(1,\ -8)$ で

下に凸の放物線である。

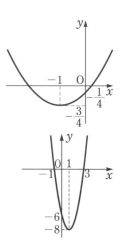

2

教科書 **p.67**

放物線 $y=\dfrac{1}{2}x^2+mx+n$ の頂点が点 $(1,\ 1)$ であるとき，定数 m, n の値を求めよ。

ガイド　放物線 $y=\dfrac{1}{2}x^2$ の頂点が点 $(1,\ 1)$ となるように平行移動した放物線の方程式を考え，それを展開して整理した式と与えられた放物線の方程式を見比べる。

解答　放物線 $y=\dfrac{1}{2}x^2$ を，その頂点が点 $(1,\ 1)$ となるように，x 軸方向に 1, y 軸方向に 1 だけ平行移動した放物線の方程式は，

$$y=\dfrac{1}{2}(x-1)^2+1$$

整理すると，

$$y=\dfrac{1}{2}x^2-x+\dfrac{3}{2}$$

これと与えられた放物線の方程式を見比べて，

$$m=-1,\ n=\dfrac{3}{2}$$

参考　与えられた放物線の方程式の右辺を平方完成して，頂点の座標を m, n の式で表し，x 座標，y 座標がそれぞれ 1 に等しいと考えて，連立方程式を解いてもよい。

☑ **3**
教科書 **p.67**

ある放物線を x 軸方向に -1，y 軸方向に 3 だけ平行移動すると放物線 $y=3x^2-6x+7$ になる。もとの放物線の方程式を求めよ。

ガイド 平行移動してできた放物線 $y=3x^2-6x+7$ を，逆向きに移動させれば，もとの放物線になると考える。

解答 平行移動してできた放物線の方程式の右辺を平方完成すると，
$$y=3(x-1)^2+4$$
したがって，この放物線の頂点は点 $(1,\ 4)$ であり，もとの放物線はこの放物線を x 軸方向に 1，y 軸方向に -3 だけ平行移動したものであるから，頂点の座標は，　　点 $(2,\ 1)$
よって，もとの放物線の方程式は，　　$y=3(x-2)^2+1$

別解 放物線 $y=3x^2-6x+7$ を x 軸方向に 1，y 軸方向に -3 だけ平行移動したものが，もとの放物線であるから，x を $x-1$，
y を $y-(-3)=y+3$ とおき換えて，　　$y+3=3(x-1)^2-6(x-1)+7$
これを整理すると，　　$y=3x^2-12x+13$

☑ **4**
教科書 **p.67**

次の条件を満たす放物線をグラフとする 2 次関数を求めよ。
(1) 点 $(-1,\ 4)$ を頂点とし，点 $(1,\ 2)$ を通る。
(2) 軸が直線 $x=3$ で，2 点 $(1,\ -3)$，$(4,\ 3)$ を通る。
(3) 3 点 $(0,\ 2)$，$(1,\ 3)$，$(2,\ -2)$ を通る。
(4) 3 点 $(-2,\ -9)$，$(2,\ -1)$，$(4,\ -3)$ を通る。

ガイド (1)，(2)　$y=a(x-p)^2+q$ の形の式を利用する。
(3)，(4)　$y=ax^2+bx+c$ の形の式を利用する。

解答 (1) 頂点が点 $(-1,\ 4)$ であるから，求める 2 次関数は，
$y=a(x+1)^2+4$ とおける。
　　このグラフが点 $(1,\ 2)$ を通るから，　　$2=a(1+1)^2+4$
　　これより，　$a=-\dfrac{1}{2}$　　よって，　$y=-\dfrac{1}{2}(x+1)^2+4$

(2) 軸が直線 $x=3$ であるから，求める 2 次関数は，
$y=a(x-3)^2+q$ とおける。
　　このグラフが 2 点 $(1,\ -3)$，$(4,\ 3)$ を通るから，
　　　　$4a+q=-3,\ a+q=3$
　　これより，　$a=-2,\ q=5$　　よって，　$y=-2(x-3)^2+5$

(3) 求める2次関数を，$y=ax^2+bx+c$ とおく。このグラフが，

点 $(0,\ 2)$ を通るから，　　$c=2$　　　　……①

点 $(1,\ 3)$ を通るから，　　$a+b+c=3$　　……②

点 $(2,\ -2)$ を通るから，　$4a+2b+c=-2$ ……③

①を②に代入して，　$a+b+2=3$

すなわち，　$a+b=1$　　……④

①を③に代入して，　$4a+2b+2=-2$

すなわち，　$2a+b=-2$ ……⑤

④，⑤を解いて，　$a=-3,\ b=4$

よって，　　$\boldsymbol{y=-3x^2+4x+2}$

(4) 求める2次関数を，$y=ax^2+bx+c$ とおく。このグラフが，

点 $(-2,\ -9)$ を通るから，　$4a-2b+c=-9$　　……①

点 $(2,\ -1)$ を通るから，　　$4a+2b+c=-1$　　……②

点 $(4,\ -3)$ を通るから，　　$16a+4b+c=-3$ ……③

②−①より，　$4b=8$　　すなわち，　$b=2$

③−②より，　$12a+2b=-2$

したがって，　$a=-\dfrac{b+1}{6}=-\dfrac{2+1}{6}=-\dfrac{1}{2}$

これらを①に代入して，　$c=-3$

よって，　　$\boldsymbol{y=-\dfrac{1}{2}x^2+2x-3}$

□ **5**
教科書
p.67
放物線 $y=2x^2-3x+1$ を平行移動したものが，2点 $(-2,\ -7)$，$(2,\ 9)$ を通るとき，その放物線の方程式を求めよ。

ガイド 平行移動した放物線の方程式は，$y=2x^2+bx+c$ とおける。これが2点 $(-2,\ -7)$，$(2,\ 9)$ を通ることから，$b,\ c$ の値を求める。

解答 放物線 $y=2x^2-3x+1$ を平行移動した放物線の方程式は，

$y=2x^2+bx+c$ とおける。

このグラフが2点 $(-2,\ -7)$，$(2,\ 9)$ を通るから，

$\begin{cases} 8-2b+c=-7 \\ 8+2b+c=9 \end{cases}$ すなわち，$\begin{cases} -2b+c=-15 \\ 2b+c=1 \end{cases}$

これを解いて，　$b=4,\ c=-7$

よって，　$\boldsymbol{y=2x^2+4x-7}$

第 2 節 2 次関数の最大・最小

1 2 次関数の最大・最小

☐ **問16** 次の 2 次関数の最大値，最小値があれば求めよ。また，そのときの x の値を求めよ。

教科書 **p.68**

(1) $y=2x^2-8x+3$ 　　　　　　　(2) $y=-3x^2+6x+1$

ガイド

ここがポイント 👉 $[y=a(x-p)^2+q$ の最大・最小$]$

2 次関数 $y=a(x-p)^2+q$ は，

<u>$a>0$ のとき</u>　　　　　　　　| <u>$a<0$ のとき</u>

$x=p$ で最小値 q をとり，　　　| $x=p$ で最大値 q をとり，

最大値はない。　　　　　　　　| 最小値はない。

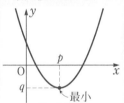

解答 (1) $y=2x^2-8x+3$ は，
　　　$y=2(x-2)^2-5$ と変形
　　　できるから，このグラフは
　　　下の図のようになる。

　　　よって，**$x=2$ のとき**，
　　y は**最小値 -5** をとり，
　　最大値はない。

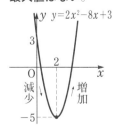

(2) $y=-3x^2+6x+1$ は，
　　$y=-3(x-1)^2+4$ と変形
　　できるから，このグラフは
　　下の図のようになる。

　　　よって，**$x=1$ のとき**，
　y は**最大値 4** をとり，
　最小値はない。

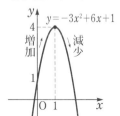

|参考| 2次関数 $y=a(x-p)^2+q$ では，x の値が増加するにつれて，

　　・$a>0$ … y の値は，$x \leqq p$ の範囲で減少，$p \leqq x$ の範囲で増加する。

　　・$a<0$ … y の値は，$x \leqq p$ の範囲で増加，$p \leqq x$ の範囲で減少する。

問17 次の関数の最大値と最小値を求めよ。また，そのときの x の値を求めよ。

教科書 **p.69**　(1)　$y=2x^2-4x+1$　$(0 \leqq x \leqq 4)$　　(2)　$y=-x^2+6x+5$　$(1 \leqq x \leqq 4)$

ガイド まず，放物線の頂点を求めて，グラフをかく。

　　次に，グラフの定義域内を調べて，最大値・最小値を見つける。

　　放物線の軸が定義域内にある場合は，頂点で最大値または最小値をとる。

　　右の図は，関数 $y=x^2-2x$ $(0 \leqq x \leqq 3)$ のグラフであり，

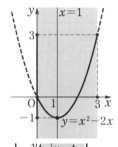

　　　　$x=3$ のとき，最大値 3

　　　　$x=1$ のとき，最小値 -1　←頂点

をとる。

解答 (1)　$y=2x^2-4x+1=2(x-1)^2-1$

　　　　となるから，この関数のグラフは，右の図の実線部分である。よって，

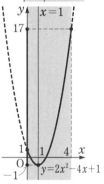

　　　　　　$x=4$ のとき，最大値 17

　　　　　　$x=1$ のとき，最小値 -1

　　　　をとる。

　　(2)　$y=-x^2+6x+5=-(x-3)^2+14$

　　　　となるから，この関数のグラフは，右の図の実線部分である。よって，

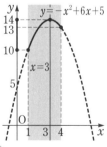

　　　　　　$x=3$ のとき，最大値 14

　　　　　　$x=1$ のとき，最小値 10

　　　　をとる。

グラフの軸が定義域内にあるとき，グラフが上に凸ならば，頂点で最大値，下に凸ならば，頂点で最小値をとるんだね。

第
2
章

2次関数

☐ **問18**　次の関数の最大値と最小値を求めよ。また，そのときの x の値を求めよ。

教科書
p.70　(1) $y=x^2+4x+1$ $(-1\leqq x\leqq1)$　(2) $y=-2x^2+12x-9$ $(1\leqq x\leqq2)$

ガイド　放物線の軸が定義域内にない場合は，定義域
の端点で最大値または最小値をとる。

　右の図は，関数 $y=x^2-2x$ $(2\leqq x\leqq3)$ のグ
ラフであり，

　　　$x=3$ のとき，最大値 3
　　　$x=2$ のとき，最小値 0

をとる。

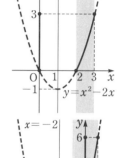

解答　(1) $y=x^2+4x+1=(x+2)^2-3$

　　　となるから，この関数のグラフは，右の
　　　図の実線部分である。よって，

　　　　　$x=1$ のとき，最大値 6
　　　　　$x=-1$ のとき，最小値 -2

　　　をとる。

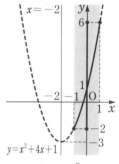

　(2) $y=-2x^2+12x-9=-2(x-3)^2+9$

　　　となるから，この関数のグラフは，右の
　　　図の実線部分である。よって，

　　　　　$x=2$ のとき，最大値 7
　　　　　$x=1$ のとき，最小値 1

　　　をとる。

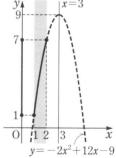

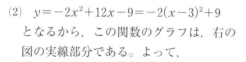

グラフをかくと，
定義域の端で最大値，
最小値をとっている
ことが分かるね。

☑ **問19** 次の関数の最大値，最小値があれば求めよ。また，そのときの x の値
を求めよ。

教科書
p.70

(1) $y=x^2-2x+3$ $(-1\leqq x<2)$　(2) $y=-x^2+6x$ $(0<x\leqq4)$

- -

ガイド　定義域の両端あるいはどちらかの端点が含ま
れていないとき，関数は最大値，最小値をもつ
とは限らない。

　右の図は，関数 $y=x^2-2x$ $(0\leqq x<3)$ のグ
ラフで，値域は $-1\leqq y<3$ となるから，
　　$x=1$ のとき，最小値 -1
をとるが，最大値はない。

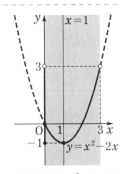

解答 (1) $y=x^2-2x+3=(x-1)^2+2$
　　となるから，この関数のグラフは，右の
　　図の実線部分である。よって，
　　　　$x=-1$ **のとき，最大値 6**
　　　　$x=1$ **のとき，最小値 2**
　　をとる。

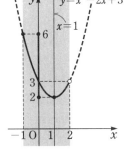

(2) $y=-x^2+6x=-(x-3)^2+9$
　　となるから，この関数のグラフは，右の
　　図の実線部分である。よって，
　　　　$x=3$ **のとき，最大値 9**
　　をとり，**最小値はない。**

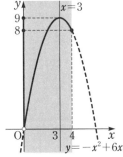

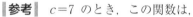

☑ **問20** 関数 $y=-2x^2+4x+c$ $(-2\leqq x\leqq2)$ の最小値が -9 であるとき，定
教科書
p.70
数 c の値を求めよ。また，この関数の最大値とそのときの x の値を求め
よ。

ガイド まず，放物線の軸と定義域の位置関係を調べる。

解答 $y=-2x^2+4x+c$

$\qquad =-2(x-1)^2+c+2$

この関数のグラフは上に凸で，軸が直線 $x=1$,
定義域が $-2\leqq x\leqq2$ より，この関数は，$x=-2$ で最
小値をとる。

条件より，

$\qquad -2\cdot(-2)^2+4\cdot(-2)+c=-9$, $\qquad c=7$

このとき，この関数は，$x=1$ で最大値

$c+2=9$ をとる。

よって，　**$c=7$** で，**$x=1$ のとき，最大値 9**

参考 $c=7$ のとき，この関数は，

$\qquad y=-2x^2+4x+7$

$\qquad =-2(x-1)^2+9$ $(-2\leqq x\leqq2)$

と表される。

よって，この関数は，$x=1$ で最大値 9, $x=-2$ で最小値 -9 をとる。

最大，最小を考えるときは，
右上の図のように，軸と
定義域が分かるグラフを
かくと考えやすいよ。

② 最大・最小の応用

☐ **問21** 幅が 12 cm の銅板がある。これを右の図の

教科書 **p.71**
ように 90° に 1 回だけ折り曲げて水を流す溝を作る。切り口の面積を最大にするには，どのように折り曲げればよいか。また，そのときの切り口の面積を求めよ。

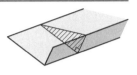

ガイド 端から折り曲げる長さを x cm として，x を用いて切り口の面積を表す。辺の長さは正であるから，$0<x<12$ であり，この範囲内で面積が最大になるような x の値を求める。

解答 銅板の端から折り曲げる長さを x cm とすると，もう一方の長さは $(12-x)$ cm となる。$x>0$，$12-x>0$ より，　　$0<x<12$

切り口の面積を y cm² とすると，

$$y=\frac{1}{2}x(12-x)=-\frac{1}{2}(x^2-12x)$$

$$=-\frac{1}{2}(x-6)^2+18$$

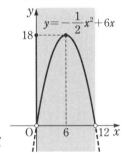

この関数のグラフは，右の図の実線部分となるから，$x=6$ のとき最大値 18 をとる。

よって，**端から 6 cm の位置で折り曲げればよい。そのときの切り口の面積は 18 cm² である。**

☐ **問22**　a を正の定数とするとき，関数 $y=2x^2-2x$ $(0\leqq x\leqq a)$ の最大値を

教科書
p.72　求めよ。また，そのときの x の値を求めよ。

- -

ガイド　定義域が $0\leqq x\leqq a$ であるから，関数のグラフをかいて，a の値に
よって最大値がどのように変わるかを考える。

解答　$y=2x^2-2x$

$$=2\left(x-\frac{1}{2}\right)^2-\frac{1}{2}$$

この関数のグラフは下に凸の放物線で，軸は直線 $x=\frac{1}{2}$ である。

$x=0$ のとき $y=0$ より，$y=0$ となる x の値を求めると，

　　$2x^2-2x=0$，　$2x(x-1)=0$ より，　$x=0$，1

よって，a の値と 1 の大小関係より，グラフは下の図の 3 通りが考
えられる。

(i)　$0<a<1$ のとき

　　$x=0$ で最大値 0 をとる。

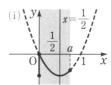

(ii)　$a=1$ のとき

　　$x=0$，1 で最大値 0 をとる。

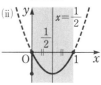

(iii)　$a>1$ のとき

　　$x=a$ で最大値 $2a^2-2a$ をとる。

よって，次のようになる。

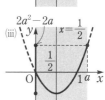

　　$0<a<1$ のとき，$x=0$ で最大値 0

　　$a=1$ のとき，$x=0$，1 で最大値 0

　　$a>1$ のとき，$x=a$ で最大値 $2a^2-2a$

☑ **問23**　問 22 の関数の最小値を求めよ。また，そのときの x の値を求めよ。

教科書
p.72

ガイド　下に凸の放物線の最小値を求めるから，放物線 $y=a(x-p)^2+q$
の軸 $x=p$ の p と定義域の関係に着目して場合分けをする。

解答　$y=2x^2-2x=2\left(x-\dfrac{1}{2}\right)^2-\dfrac{1}{2}$

この関数のグラフは，下に凸の放物線で，軸は直線 $x=\dfrac{1}{2}$ である。

定義域と軸の位置関係から，
グラフは右の図の 2 通りが考えられる。

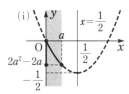

(i)　$0<a<\dfrac{1}{2}$ のとき

　　$x=a$ で最小値 $2a^2-2a$ をとる。

(ii)　$a\geqq\dfrac{1}{2}$ のとき

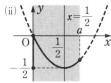

　　$x=\dfrac{1}{2}$ で最小値 $-\dfrac{1}{2}$ をとる。

よって，次のようになる。

　$0<a<\dfrac{1}{2}$ のとき，$x=a$ で最小値 $2a^2-2a$

　$a\geqq\dfrac{1}{2}$ のとき，$x=\dfrac{1}{2}$ で最小値 $-\dfrac{1}{2}$

**テク
ニック**　定義域が制限された関数 $y=a(x-p)^2+q$ の最大・最小は，

・$a>0$（下に凸）のとき

　最大値…軸から最も遠い点でとる。

　最小値…$\begin{cases}\text{軸が定義域内にある場合は，頂点でとる。}\\\text{軸が定義域内にない場合は，軸から最も近い点でとる。}\end{cases}$

・$a<0$（上に凸）のとき

　最大値…$\begin{cases}\text{軸が定義域内にある場合は，頂点でとる。}\\\text{軸が定義域内にない場合は，軸から最も近い点でとる。}\end{cases}$

　最小値…軸から最も遠い点でとる。

☐ **問24**　a を定数とするとき，関数 $y=x^2-2ax$ $(0\leqq x\leqq 3)$ の最小値を求めよ。

教科書
p.73　また，そのときの x の値を求めよ。

- -

ガイド　下に凸の放物線の最小値を求めるから，放物線 $y=a(x-p)^2+q$ の軸 $x=p$ の p と定義域の関係に着目して場合分けをする。

解答　$y=x^2-2ax=(x-a)^2-a^2$

　　この関数のグラフは下に凸の放物線で，軸は直線 $x=a$ である。

　　定義域と軸の位置関係から，グラフは下の図の3通りが考えられる。

　(i)　$a<0$ のとき

　　　$x=0$ で最小値 0 をとる。

　(ii)　$0\leqq a\leqq 3$ のとき

　　　$x=a$ で最小値 $-a^2$ をとる。

　(iii)　$a>3$ のとき

　　　$x=3$ で最小値 $9-6a$ をとる。

　よって，次のようになる。

　　　　$a<0$ のとき，$x=0$ で最小値 0

　　　　$0\leqq a\leqq 3$ のとき，$x=a$ で最小値 $-a^2$

　　　　$a>3$ のとき，$x=3$ で最小値 $9-6a$

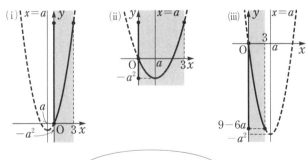

グラフをかいて，最小値が
どこになるかを考えよう。

☑ **問25** 問 24 の関数の最大値を求めよ。また，そのときの x の値を求めよ。

教科書
p.73

- -

ガイド 下に凸の放物線であるから，最大値をとるのは，軸から最も遠い点，すなわち，定義域の左端か右端になる。どちらが x 軸から遠くなるのかは，定義域の中央と軸の位置関係によって変わる。

解答 $y=x^2-2ax=(x-a)^2-a^2$

この関数のグラフは下に凸の放物線で，軸は直線 $x=a$ である。

定義域の中央は $x=\dfrac{3}{2}$ であるから，定義域の中央と軸の位置関係から，グラフは下の図の3通りが考えられる。

(i) $a<\dfrac{3}{2}$ のとき

　$x=3$ で最大値 $9-6a$ をとる。

(ii) $a=\dfrac{3}{2}$ のとき

　$x=0$, 3 で最大値 0 をとる。

(iii) $a>\dfrac{3}{2}$ のとき

　$x=0$ で最大値 0 をとる。

よって，次のようになる。

$a<\dfrac{3}{2}$ **のとき，$x=3$ で最大値 $9-6a$**

$a=\dfrac{3}{2}$ **のとき，$x=0$, 3 で最大値 0**

$a>\dfrac{3}{2}$ **のとき，$x=0$ で最大値 0**

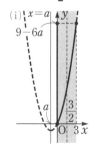 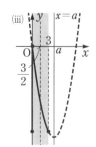

節 末 問 題

第 2 節｜2次関数の最大・最小

□ 1 次の関数の最大値，最小値があれば求めよ。また，そのときの x の値
教科書 **p.74** を求めよ。

(1) $y=-x^2+8x$ $(2\leqq x\leqq6)$　　(2) $y=3x^2+2x-1$ $(-2\leqq x\leqq0)$

(3) $y=2x^2-3x+3$ $(1\leqq x\leqq3)$　　(4) $y=x^2-2x+2$ $(-2<x<2)$

ガイド まず，$y=a(x-p)^2+q$ の形に変形して，グラフをかいてみる。

解答 (1) $y=-x^2+8x=-(x-4)^2+16$
となるから，この関数のグラフは，右の図
の実線部分である。よって，

$x=4$ **のとき，最大値** 16

$x=2，6$ **のとき，最小値** 12 **をとる。**

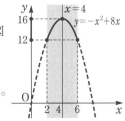

(2) $y=3x^2+2x-1=3\left(x+\dfrac{1}{3}\right)^2-\dfrac{4}{3}$

となるから，この関数のグラフは，右の図
の実線部分である。よって，

$x=-2$ **のとき，最大値** 7

$x=-\dfrac{1}{3}$ **のとき，最小値** $-\dfrac{4}{3}$

をとる。

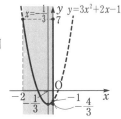

(3) $y=2x^2-3x+3=2\left(x-\dfrac{3}{4}\right)^2+\dfrac{15}{8}$

となるから，この関数のグラフは，右の図
の実線部分である。よって，

$x=3$ **のとき，最大値** 12

$x=1$ **のとき，最小値** 2 **をとる。**

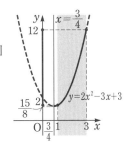

(4) $y=x^2-2x+2=(x-1)^2+1$

となるから，この関数のグラフは，右の図 の実線部分である。よって，

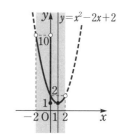

$x=1$ のとき，**最小値1**

をとり，**最大値はない**。

☐ **2**

教科書
p.74

2次関数 $y=x^2+ax+b$ が $x=2$ で最小値 -3 をとるとき，定数 a, b の値を求めよ。

ガイド 2次関数 $y=x^2+ax+b$ のグラフは，下に凸の放物線であるから，頂点で最小値をとる。

解答 $x=2$ で最小値 -3 をとり，x^2 の係数が1の 2次関数は，$y=(x-2)^2-3$ と表される。

すなわち，$y=x^2-4x+1$ である。

これが，2次関数 $y=x^2+ax+b$ と一致す るから，$a=-4$，$b=1$

別解 $y=x^2+ax+b$

$=\left(x+\dfrac{a}{2}\right)^2-\dfrac{a^2}{4}+b$

$x=2$ で最小値をとるから，この2次関数のグラフは，下に凸で，軸 が直線 $x=2$ である。

したがって，$-\dfrac{a}{2}=2$

よって，$a=-4$

また，条件より，$-\dfrac{a^2}{4}+b=-3$

よって，$b=1$

3 　関数 $y=2x^2-8x+a$ $(0\leqq x\leqq 3)$ の値域が $b\leqq y\leqq 3$ であるとき，定
教科書 数 a, b の値を求めよ。
p.74

ガイド 　関数 $y=2x^2-8x+a$ のグラフは，下に凸の放物線であり，最大値
は軸から最も遠い点でとるから，$x=0$ で最大値 3 をとる。

解答 　$y=2x^2-8x+a=2(x-2)^2+a-8$

　この関数のグラフは下に凸で，軸が直線
$x=2$，定義域が $0\leqq x\leqq 3$ より，この関数は

　　$x=0$ のとき最大値 a

　　$x=2$ のとき最小値 $a-8$

をとる。値域が $b\leqq y\leqq 3$ であるから，

$$\begin{cases} a=3 & \cdots\cdots① \\ a-8=b & \cdots\cdots② \end{cases}$$

　①，②を解いて，　**$a=3$, $b=-5$**

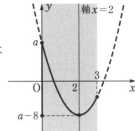

 4 　関数 $y=ax^2-2ax+b$ $(-1\leqq x\leqq 2)$ の最大値が 5 で，最小値が -3
教科書 であるとき，定数 a, b の値を求めよ。ただし，$a<0$ とする。
p.74

ガイド 　$a<0$ より，グラフは上に凸の放物線である。

解答 　$y=ax^2-2ax+b=a(x-1)^2-a+b$

　この関数のグラフは，$a<0$ より，上に凸
で，軸が直線 $x=1$ である。

　定義域が $-1\leqq x\leqq 2$ より，この関数は，
$x=1$ で最大値をとり，$x=-1$ で最小値を
とる。

　条件より，

$$\begin{cases} -a+b=5 & \cdots\cdots① \\ 3a+b=-3 & \cdots\cdots② \end{cases}$$

　①，②を解いて，　**$a=-2$, $b=3$** 　（これは，$a<0$ を満たす。）

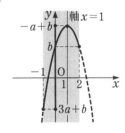

☑ **5**

教科書
p.74

長さ $10\,\mathrm{cm}$ の針金を2つに切り分けて，それぞれを折り曲げ2つの正方形を作る。このとき，2つの正方形の面積の和を最小にしたい。針金をどのように切り分ければよいか。また，そのときの面積の和を求めよ。

ガイド 2つに切り分けた一方の針金の長さを $x\,\mathrm{cm}$，面積の和を $y\,\mathrm{cm}^2$ として，y を x の式で表すと，2次関数が得られる。

これより，定義域に注意して，y の値が最小になるような x の値を求める。

解答 2つに切り分けた針金のうち，一方の長さを $x\,\mathrm{cm}$ とすると，もう一方の長さは $(10-x)\,\mathrm{cm}$ となる。

$x>0$，$10-x>0$ より，　$0<x<10$

2つの正方形の面積の和を $y\,\mathrm{cm}^2$ とすると，

$$y=\left(\frac{x}{4}\right)^2+\left(\frac{10-x}{4}\right)^2$$

$$=\frac{1}{8}x^2-\frac{5}{4}x+\frac{25}{4}$$

$$=\frac{1}{8}(x^2-10x)+\frac{25}{4}$$

$$=\frac{1}{8}(x-5)^2+\frac{25}{8}$$

この関数のグラフは，右の図の実線部分となるから，$x=5$ で最小値 $\dfrac{25}{8}$ をとる。

よって，面積の和を最小にするには，

$5\,\mathrm{cm}$ ずつに切り分ければよい。そのとき

の面積の和は，$\dfrac{25}{8}\,\mathrm{cm}^2$ である。

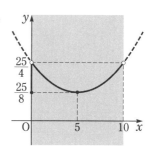

□ **6**
教科書
p.74
　　a を -2 より大きい定数とするとき，関数 $y=-x^2-2x+3$
$(-2\leqq x\leqq a)$ の最大値とそのときの x の値を求めよ。また，最小値とそ
のときの x の値を求めよ。

ガイド　a の値が大きくなるにつれて，定義域は拡大していく。最大値・最小値に変化がある値を境にして，a について場合分けをする。

解答　$y=-x^2-2x+3$
　　　　$=-(x+1)^2+4$
この関数のグラフは上に凸の放物線で，軸は直線 $x=-1$ である。
最大値は，
(i)　$-2<a<-1$のとき
　　$x=a$ で最大値 $-a^2-2a+3$ をとる。
(ii)　$a\geqq-1$ のとき
　　$x=-1$ で最大値 4 をとる。

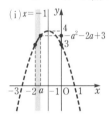
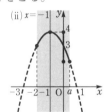

$x=-2$ のとき，　$y=-(-2)^2-2\cdot(-2)+3=3$
これより，$y=3$ となるxの値を求めると，
　　$-x^2-2x+3=3$，　$x(x+2)=0$ より，　$x=0,\ -2$
最小値は，
(iii)　$-2<a<0$ のとき
　　$x=-2$ で最小値 3 をとる。
(iv)　$a=0$ のとき
　　$x=-2,\ 0$ で最小値 3 をとる。
(v)　$a>0$ のとき
　　$x=a$ で最小値 $-a^2-2a+3$ をとる。

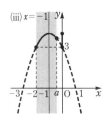 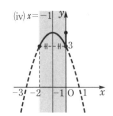 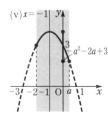

よって，**最大値は**,

$\qquad -2<a<-1$ **のとき**，$x=a$ で最大値 $-a^2-2a+3$

$\qquad a\geqq-1$ **のとき**，$x=-1$ で最大値 4

最小値は,

$\qquad -2<a<0$ **のとき**，$x=-2$ で最小値 3

$\qquad a=0$ **のとき**，$x=-2,\ 0$ で最小値 3

$\qquad a>0$ **のとき**，$x=a$ で最小値 $-a^2-2a+3$

|参考| 定義域の中央は，

$$x=\frac{a-2}{2}$$

であり，$a>-2$ のとき，$\dfrac{a-2}{2}>-2$ であるから，定義域の中央と軸
の位置関係により，最大値について，

(i) $a>-2$ かつ $\dfrac{a-2}{2}<-\dfrac{3}{2}$,

$\qquad$ すなわち，　$-2<a<-1$

(ii) $\dfrac{a-2}{2}=-\dfrac{3}{2}$,

$\qquad$ すなわち，　$a=-1$

(iii) $\dfrac{a-2}{2}>-\dfrac{3}{2}$,

$\qquad$ すなわち，　$a>-1$

のように場合分けをすることができる。

第 3 節 ‖ 2次関数と方程式・不等式

1 2次方程式

☐ **問26** 次の2次方程式を解け。

教科書 **p.75**

(1) $x^2-2x-15=0$ 　　(2) $3x^2+4x-4=0$

(3) $4x^2-12x+9=0$ 　　(4) $3x=x^2$

ガイド $ax^2+bx+c=0$ $(a,\ b,\ c$ は定数で，$a\neq0)$ の形に表される方程式を，x についての**2次方程式**といい，左辺が因数分解できる場合には，実数 $A,\ B$ についての積の性質「$AB=0$ **ならば，**$A=0$ **または** $B=0$」を用いて解くことができる。

解答 (1) 左辺を因数分解すると，　$(x+3)(x-5)=0$

よって，方程式の解は，　$x=-3,\ 5$

(2) 左辺を因数分解すると，　$(x+2)(3x-2)=0$

よって，方程式の解は，　$x=-2,\ \dfrac{2}{3}$

(3) 左辺を因数分解すると，　$(2x-3)^2=0$

よって，方程式の解は，　$x=\dfrac{3}{2}$

(4) 移項して整理すると，　$x^2-3x=0$

左辺を因数分解すると，　$x(x-3)=0$

よって，方程式の解は，　$x=0,\ 3$

確かめておこう！
(2) $\begin{array}{ccc}1 & \diagdown & 2 \rightarrow 6 \\ 3 & \diagup & -2 \rightarrow -2 \\ \hline 3 & -4 & 4 \end{array}$

参考 (3)のように，左辺を因数分解して，$(x\ \text{の}\ 1\ \text{次式})^2=0$ という形になる場合，2次方程式の2つの解が重なったと考え，これを**重解**という。

☐ **問27** 次の2次方程式を解け。

教科書 **p.76**

(1) $x^2+3x+1=0$ 　　(2) $4x^2+4x-1=0$

(3) $x^2-x-3=0$ 　　(4) $x-1=2x^2-3$

ガイド

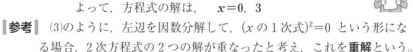

ここがポイント ☞ [2次方程式の解の公式]

2次方程式 $ax^2+bx+c=0$ の解は，

$b^2-4ac\geqq0$ のとき，　　$x=\dfrac{-b\pm\sqrt{b^2-4ac}}{2a}$

解答 (1) $x=\dfrac{-3\pm\sqrt{3^2-4\cdot1\cdot1}}{2\cdot1}=\dfrac{-3\pm\sqrt5}{2}$

(2) $x=\dfrac{-4\pm\sqrt{4^2-4\cdot4\cdot(-1)}}{2\cdot4}=\dfrac{-4\pm\sqrt{32}}{8}=\dfrac{-1\pm\sqrt2}{2}$

(3) $x=\dfrac{-(-1)\pm\sqrt{(-1)^2-4\cdot1\cdot(-3)}}{2\cdot1}=\dfrac{1\pm\sqrt{13}}{2}$

(4) 移項して整理すると，$2x^2-x-2=0$ より，

$$x=\dfrac{-(-1)\pm\sqrt{(-1)^2-4\cdot2\cdot(-2)}}{2\cdot2}=\dfrac{1\pm\sqrt{17}}{4}$$

問28 2次方程式 $ax^2+2b'x+c=0$ に解の公式を用いて，次の式が成り立つことを確かめよ。

教科書 **p.76**

$b'^2-ac\geqq0$ のとき，　$x=\dfrac{-b'\pm\sqrt{b'^2-ac}}{a}$

ガイド

ここがポイント 👉

2次方程式 $ax^2+2b'x+c=0$ の解は，

$b'^2-ac\geqq0$ のとき，　$x=\dfrac{-b'\pm\sqrt{b'^2-ac}}{a}$

解答 $x=\dfrac{-2b'\pm\sqrt{(2b')^2-4ac}}{2a}=\dfrac{-2b'\pm2\sqrt{b'^2-ac}}{2a}=\dfrac{-b'\pm\sqrt{b'^2-ac}}{a}$

問29 次の 2 次方程式を解け。

教科書 **p.76**

(1) $x^2+2x-5=0$ 　　(2) $2x^2-6x+1=0$

ガイド 2次方程式の解の公式で，$b=2b'$ の場合の公式を用いる。

解答 (1) $x=\dfrac{-1\pm\sqrt{1^2-1\cdot(-5)}}{1}=-1\pm\sqrt6$ 　$(2b'=2\to b'=1)$

(2) $x=\dfrac{-(-3)\pm\sqrt{(-3)^2-2\cdot1}}{2}=\dfrac{3\pm\sqrt7}{2}$ 　$(2b'=-6\to b'=-3)$

第
2
章

2次関数

☑ **問30** 次の2次方程式の異なる実数解の個数を調べよ。

教科書
p.78

(1) $3x^2-2x-4=0$ 　　　　　(2) $9x^2-6x+1=0$

(3) $(x+1)(x+2)=3$ 　　　　(4) $3x^2+5=0$

ガイド

- -

ここがポイント 👉

2次方程式 $ax^2+bx+c=0$ の**判別式**を $D=b^2-4ac$ とすると，

$D>0 \iff$ **異なる2つの実数解をもつ**

$D=0 \iff$ **ただ1つの実数解（重解）をもつ**

$D<0 \iff$ **実数解をもたない**

解答

(1) 判別式 $D=(-2)^2-4\cdot3\cdot(-4)=52>0$ であるから，　　**2個**

(2) 判別式 $D=(-6)^2-4\cdot9\cdot1=0$ であるから，　　**1個**

(3) 左辺を展開して整理すると，　$x^2+3x-1=0$
　　判別式 $D=3^2-4\cdot1\cdot(-1)=13>0$ であるから，　　**2個**

(4) 判別式 $D=0^2-4\cdot3\cdot5=-60<0$ であるから，　　**0個**

参考 2次方程式 $ax^2+2b'x+c=0$ では，判別式として $\dfrac{D}{4}=b'^2-ac$

を用いてもよい。例えば(1)は，

$$\frac{D}{4}=(-1)^2-3\cdot(-4)=13>0 \ (2b'=-2 \longrightarrow b'=-1)$$

であるから，2個となる。

☑ **問31** 2次方程式 $3x^2-x-m=0$ が異なる2つの実数解をもつとき，定数
m の値の範囲を求めよ。

教科書
p.78

- -

ガイド 2次方程式の判別式Dについて，$D>0$ であることから考える。

解答 この2次方程式の判別式をDとすると，

$$D=(-1)^2-4\cdot3\cdot(-m)=1+12m$$

2次方程式が異なる2つの実数解をもつから，$D>0$ である。

すなわち，$1+12m>0$ より，　$m>-\dfrac{1}{12}$

☑ **問32** 2次方程式 $x^2+3x+m+1=0$ が実数解をもつとき，定数 m の値の

教科書 **p.78** 範囲を求めよ。

- -

ガイド 「実数解をもつ」→「異なる2つの実数解，または，重解をもつ」

解答 この2次方程式の判別式を D とすると，
$$D=3^2-4\cdot1\cdot(m+1)=5-4m$$
2次方程式が実数解をもつから，$D\geqq0$ である。

すなわち，$5-4m\geqq0$ より，　$m\leqq\dfrac{5}{4}$

☑ **問33** 2次方程式 $x^2+2mx+3(m+6)=0$ が重解をもつとき，定数 m の値

教科書 **p.79** を求めよ。また，そのときの重解を求めよ。

- -

ガイド 2次方程式の判別式 D について，$D=0$ であることから，m について
の方程式を作る。

解答 この2次方程式の判別式を D とすると，
$$D=(2m)^2-4\cdot1\cdot3(m+6)=4m^2-12m-72$$
2次方程式が重解をもつのは，$D=0$ のときであるから，
$$4m^2-12m-72=0$$
$$m^2-3m-18=0$$
$$(m+3)(m-6)=0$$
したがって，　$m=-3,\ 6$

$\underline{m=-3}$ のとき，方程式は，　$x^2-6x+9=0$,　$(x-3)^2=0$
したがって，重解は，　$x=3$

$\underline{m=6}$ のとき，方程式は，　$x^2+12x+36=0$,　$(x+6)^2=0$
したがって，重解は，　$x=-6$

よって，　**$m=-3$ のとき，重解は $x=3$**
　　　　　　$m=6$ のとき，重解は $x=-6$

参考 解の公式より，2次方程式 $ax^2+bx+c=0$ は，$D=b^2-4ac=0$ の
とき，重解 $x=\dfrac{-b\pm\sqrt{D}}{2a}=-\dfrac{b}{2a}$ をもつことを用いて，それぞれの
重解を求めてもよい。

本問では，$x=-\dfrac{b}{2a}=-\dfrac{2m}{2\cdot1}=-m$ と表される。

2　2次関数のグラフと x 軸の共有点

問34 次の2次関数のグラフと x 軸の共有点の座標を求めよ。

教科書 **p.81**

(1) $y=x^2+3x+1$　　　　　　(2) $y=-3x^2+12x-12$

ガイド　2次関数 $y=ax^2+bx+c$ のグラフと x 軸が異なる2点で交わることは，2次方程式 $ax^2+bx+c=0$ が異なる2つの実数解をもつことと同じである。

また，放物線と x 軸が1点だけを共有するとき，放物線と x 軸は**接する**といい，その共有点を**接点**という。

一般に，2次関数 $y=ax^2+bx+c$ のグラフが x 軸と共有点をもつとき，共有点の x 座標は，2次方程式 $ax^2+bx+c=0$ の実数解になる。

解答　(1) 2次関数 $y=x^2+3x+1$ のグラフと
x 軸の共有点の x 座標は，2次方程式

$$x^2+3x+1=0$$

の実数解である。2次方程式の解の公式より，

$$x=\frac{-3\pm\sqrt{5}}{2}$$

x 軸との共有点だから，y 座標は0だね。

よって，共有点の座標は，

$$\left(\frac{-3+\sqrt{5}}{2},\ 0\right),\ \left(\frac{-3-\sqrt{5}}{2},\ 0\right)$$

(2) 2次関数 $y=-3x^2+12x-12$ のグラフと x 軸の共有点の x 座標は，2次方程式

$$-3x^2+12x-12=0$$

の実数解である。整理すると，

$$x^2-4x+4=0, \quad (x-2)^2=0$$

したがって，　$x=2$

よって，共有点の座標は，　$(2,\ 0)$

☑ **問35** 次の2次関数のグラフと x 軸の共有点の個数を求めよ。

教科書
p.82

(1) $y=2x^2-3x-1$

(2) $y=3x^2+x+1$

(3) $y=-4x^2+4x-1$

- -

ガイド　2次関数 $y=ax^2+bx+c$ のグラフと x 軸の共有点の x 座標は，2次方程式 $ax^2+bx+c=0$ の実数解であり，その実数解の個数は2次方程式の判別式 $D=b^2-4ac$ の符号で決まる。

D の符号	$D>0$	$D=0$	$D<0$
x 軸との位置関係	異なる2点で交わる	接する	共有点をもたない
$a>0$（下に凸）	交点　交点 x	接点 x	x
$a<0$（上に凸）	x	x	x
共有点の個数	2個	1個	0個

解答　(1)　2次方程式 $2x^2-3x-1=0$ の判別式を D とすると，
$$D=(-3)^2-4\cdot2\cdot(-1)=17>0$$
であるから，共有点は **2個**である。

(2)　2次方程式 $3x^2+x+1=0$ の判別式を D とすると，
$$D=1^2-4\cdot3\cdot1=-11<0$$
であるから，共有点は **0個**である。

(3)　2次方程式 $-4x^2+4x-1=0$ の判別式を D とすると，
$$D=4^2-4\cdot(-4)\cdot(-1)=0$$
であるから，共有点は **1個**である。

> 2次関数のグラフと x 軸の共有点の個数は，判別式の符号で決まるね。

|参考| 2次関数 $y=ax^2+bx+c=a\left(x+\dfrac{b}{2a}\right)^2-\dfrac{b^2-4ac}{4a}$ のグラフの頂

点の座標は，判別式 D を用いて，$\left(-\dfrac{b}{2a},\ -\dfrac{D}{4a}\right)$ と表される。

　この y 座標について，まず a の正負で場合分けをし，次に $D>0$，$D=0$，$D<0$ のそれぞれの場合のグラフを考えると，本書 p.100 の表と同じ結果が得られる。

問36　2次関数 $y=-2x^2-4x+k$ のグラフと x 軸の共有点の個数は，定数 k の値によってどのように変わるか調べよ。

教科書 **p.83**

ガイド　判別式 D の符号で場合分けをし，x 軸との位置関係を考える。

解答　2次方程式 $-2x^2-4x+k=0$ の判別式を D とすると，

$$D=(-4)^2-4\cdot(-2)\cdot k=16+8k=8(2+k)$$

(ⅰ)　$D>0$ のとき

　　$2+k>0$ より，　$k>-2$

　　このとき，グラフは x 軸と異なる2点で交わる。

(ⅱ)　$D=0$ のとき

　　$2+k=0$ より，　$k=-2$

　　このとき，グラフは x 軸と接する。

(ⅲ)　$D<0$ のとき

　　$2+k<0$ より，　$k<-2$

　　このとき，グラフは x 軸と共有点をもたない。

　よって，2次関数 $y=-2x^2-4x+k$ のグラフと x 軸の共有点の個数は，次のようになる。

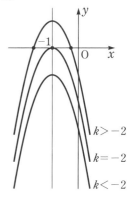

　　　$k>-2$ のとき，**2個**

　　　$k=-2$ のとき，**1個**

　　　$k<-2$ のとき，**0個**

D のかわりに，
$\dfrac{D}{4}=(-2)^2-(-2)\cdot k$
$=2(2+k)$
を用いてもいいね。

研究　放物線と直線の共有点　　　発展 (数学Ⅱ)

問題　次の放物線と直線の共有点の座標を求めよ。

教科書
p.84

(1) $y=x^2-3x+1$, $y=x-2$

(2) $y=-2x^2-5x+3$, $y=3x+11$

ガイド　放物線 $y=f(x)$ と直線 $y=g(x)$ の共有点の座標は，両方の図形
の方程式を満たす。

したがって，2つの方程式を連立させて解を求める。

解答　(1)　2つの図形の方程式を連立させて y を消去すると，

$$x^2-3x+1=x-2$$
$$x^2-4x+3=0$$
$$(x-1)(x-3)=0$$

したがって，　$x=1$, 3

$y=x-2$ より，

　　$x=1$ のとき $y=-1$，$x=3$ のとき $y=1$

よって，共有点の座標は，

　　$(1, -1)$, $(3, 1)$

放物線と直線の
共有点は，連立
方程式を解いて
求めるんだね。

(2)　2つの図形の方程式を連立させて y を消去すると，

$$-2x^2-5x+3=3x+11$$
$$-2x^2-8x-8=0$$
$$x^2+4x+4=0$$
$$(x+2)^2=0$$

したがって，　$x=-2$

$y=3x+11$ より，このとき $y=5$

よって，共有点の座標は，

　　$(-2, 5)$

参考　(2)のようなとき，放物線と直線は**接す**
るといい，この共有点を**接点**という。

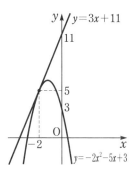

3 グラフと 2 次不等式

問37 $x^2-4x+3<0$ を解け。

教科書
p.85

ガイド x についての不等式で，すべての項を左辺に移項して整理したとき，
$$ax^2+bx+c>0, \quad ax^2+bx+c\leqq0 \quad (a\neq0)$$
のように，左辺が x の 2 次式になるものを **2 次不等式**という。

　例えば，2 次不等式 $ax^2+bx+c>0$ の解を求めるには，2 次関数
$y=ax^2+bx+c$ のグラフを考え，$y>0$ となる x の範囲を読み取ればよい。

解答 2 次方程式 $x^2-4x+3=0$ を解くと，
$$(x-1)(x-3)=0$$
$$x=1, \ 3$$
　よって，2 次関数 $y=x^2-4x+3$ のグラフは右の図のようになり，$y<0$ となる x の値の範囲は，
$$1<x<3$$

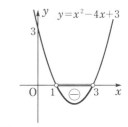

不等号の向きから，
求める解に対応する y の値が，
x 軸の上側 $(y>0)$ なのか，
下側 $(y<0)$ なのか，
間違えないように注意しよう。

参考 1 次不等式も，1 次関数のグラフを利用して解くことができる。
　例えば，1 次不等式 $2x+6\leqq0$ について考えてみよう。
　1 次方程式 $2x+6=0$ を解くと，　$x=-3$
　したがって，1 次関数 $y=2x+6$ のグラフは右の図のようになる。

　グラフより，$x>-3$ では $y>0$ となり，$x\leqq-3$ では $y\leqq0$ となることがわかる。
　よって，この 1 次不等式の解は，
$$x\leqq-3$$

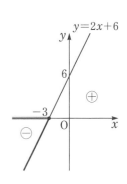

☑ **問38** ▶ 次の2次不等式を解け。

教科書
p.86

(1)　$(x-2)(x-4)>0$　　　　　(2)　$(x+1)(x-2)<0$

(3)　$x^2-5x+6\leqq0$　　　　　(4)　$x^2+7x+10\geqq0$

(5)　$2x^2-7x-4\geqq0$　　　　　(6)　$x^2<9$

- -

ガイド

ここがポイント ☞ [2次不等式の解（Ⅰ）]

$a>0$, $D=b^2-4ac>0$ のとき,

$ax^2+bx+c=0$ の異なる2つの実数解を

α, $\beta\,(\alpha<\beta)$ とすると,

$ax^2+bx+c>0$ の解は, $x<\alpha$, $\beta<x$

$ax^2+bx+c<0$ の解は, $\alpha<x<\beta$

特に,

$(x-\alpha)(x-\beta)>0$ の解は, $x<\alpha$, $\beta<x$

$(x-\alpha)(x-\beta)<0$ の解は, $\alpha<x<\beta$

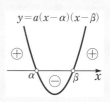

解答 ▶

(1)　$y=(x-2)(x-4)$ のグラフは下の図のようになる。
　　よって, 求める解は, 　$x<2$, $4<x$

(2)　$y=(x+1)(x-2)$ のグラフは下の図のようになる。
　　よって, 求める解は, 　$-1<x<2$

(3)　左辺を因数分解して, 　$(x-2)(x-3)\leqq0$
　　よって, 求める解は, 　$2\leqq x\leqq3$

(4)　左辺を因数分解して, 　$(x+2)(x+5)\geqq0$
　　よって, 求める解は, 　$x\leqq-5$, $-2\leqq x$

(5)　左辺を因数分解して, 　$(2x+1)(x-4)\geqq0$

　　よって, 求める解は, 　$x\leqq-\dfrac{1}{2}$, $4\leqq x$

(6)　9を左辺に移項して, 　$x^2-9<0$
　　左辺を因数分解して, 　$(x+3)(x-3)<0$
　　よって, 求める解は, 　$-3<x<3$

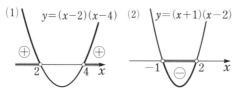

(1)　$y=(x-2)(x-4)$　(2)　$y=(x+1)(x-2)$

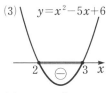

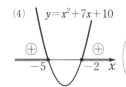

$a>0$ のとき，
$a(x-\alpha)(x-\beta)>0$ は
外側 $(x<\alpha,\ \beta<x)$,
$a(x-\alpha)(x-\beta)<0$ は
内側 $(\alpha<x<\beta)$ だよ。

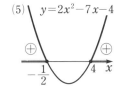

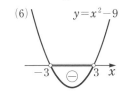

第2章 2次関数

☑ **問39** 次の2次不等式を解け。

教科書 **p.87**

(1) $x^2+x-4>0$　　　　　　　　(2) $2x^2-2x-3\leqq0$

ガイド　2次不等式において，左辺を簡単に因数分解できないときは，2次
方程式の解の公式を利用して，x軸との共有点を求める。

解答　(1) $x^2+x-4=0$ を解くと，

$$x=\frac{-1\pm\sqrt{17}}{2}$$

よって，求める解は，

$$x<\frac{-1-\sqrt{17}}{2},\ \frac{-1+\sqrt{17}}{2}<x$$

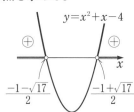

(2) $2x^2-2x-3=0$ を解くと，

$$x=\frac{1\pm\sqrt{7}}{2}$$

よって，求める解は，

$$\frac{1-\sqrt{7}}{2}\leqq x\leqq\frac{1+\sqrt{7}}{2}$$

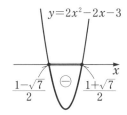

解の公式を使わないと，x軸との
共有点が求められない場合もあるね。

☑ **問40** 次の2次不等式を解け。

教科書
p.87　(1)　$-x^2+6x-5>0$　　　　　　(2)　$-x^2-5x-3\leqq0$

- -

ガイド　x^2 の係数が負の2次不等式は，両辺に -1 を掛けて，x^2 の係数が正
になるように変形してから解くとよい。

解答 ▶　(1)　両辺に -1 を掛けて，

$$x^2-6x+5<0$$

左辺を因数分解して，

$$(x-1)(x-5)<0$$

よって，求める解は，　**$1<x<5$**

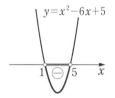

(2)　両辺に -1 を掛けて，

$$x^2+5x+3\geqq0$$

$x^2+5x+3=0$ を解くと，

$$x=\frac{-5\pm\sqrt{13}}{2}$$

よって，求める解は，　$x\leqq\dfrac{-5-\sqrt{13}}{2}$, $\dfrac{-5+\sqrt{13}}{2}\leqq x$

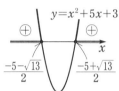

☑ **問41** 次の2次不等式を解け。

教科書
p.88　(1)　$x^2+10x+25\geqq0$　　　　(2)　$9x^2-12x+4\leqq0$

(3)　$x^2+6x>-9$　　　　　　　　(4)　$-x^2-4>4x$

ガイド

ここがポイント 🖙 ［2次不等式の解（Ⅱ）］

$a>0$, $D=b^2-4ac=0$ のとき，

$ax^2+bx+c=0$ の重解を α とすると，

$ax^2+bx+c>0$ の解は，
　　　　　　　　　　α 以外のすべての実数
$ax^2+bx+c<0$ の解は，　　ない
$ax^2+bx+c\geqq0$ の解は，　すべての実数
$ax^2+bx+c\leqq0$ の解は，　$x=\alpha$

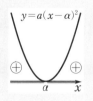

解答

(1) 左辺を因数分解して，$(x+5)^2 \geqq 0$
$y = x^2 + 10x + 25 = (x+5)^2$ のグラフは
右の図のようになるから，$x^2 + 10x + 25 \geqq 0$
の解は，　**すべての実数**

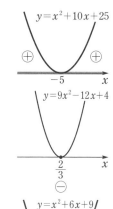

(2) 左辺を因数分解して，$(3x-2)^2 \leqq 0$
$y = 9x^2 - 12x + 4 = (3x-2)^2$ のグラフは
右の図のようになるから，

$9x^2 - 12x + 4 \leqq 0$ の解は，　$x = \dfrac{2}{3}$

(3) -9 を左辺に移項して，$x^2 + 6x + 9 > 0$
左辺を因数分解して，$(x+3)^2 > 0$
$y = x^2 + 6x + 9 = (x+3)^2$ のグラフは
右の図のようになるから，$x^2 + 6x > -9$ の
解は，　**-3 以外のすべての実数**

(4) $4x$ を左辺に移項して，$-x^2 - 4x - 4 > 0$
両辺に -1 を掛けて，$x^2 + 4x + 4 < 0$
左辺を因数分解して，$(x+2)^2 < 0$
$y = x^2 + 4x + 4 = (x+2)^2$ のグラフは右の
図のようになるから，$-x^2 - 4 > 4x$ の解は，
　ない

問42 次の2次不等式を解け。

教科書 **p.89**

(1) $x^2 - x + 1 > 0$　　　(2) $2x^2 + x + 1 < 0$

(3) $4x^2 + x \geqq -2$　　　(4) $-3x^2 + 2x \geqq 1$

ガイド

ここがポイント ☞ [2次不等式の解（Ⅲ）]

$a > 0$，$D = b^2 - 4ac < 0$ のとき，

$ax^2 + bx + c > 0$ の解は，　**すべての実数**

$ax^2 + bx + c < 0$ の解は，　**ない**

$ax^2 + bx + c \geqq 0$ の解は，　**すべての実数**

$ax^2 + bx + c \leqq 0$ の解は，　**ない**

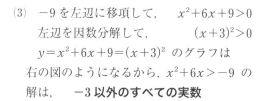
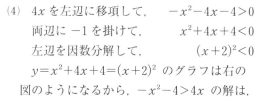

解答▶ (1) x^2 の係数が正で，$x^2-x+1=0$
の判別式 D は，
$$D=(-1)^2-4\cdot1\cdot1=-3<0$$
であるから，$x^2-x+1>0$ の解は，

すべての実数

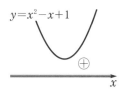

(2) x^2 の係数が正で，$2x^2+x+1=0$
の判別式 D は，
$$D=1^2-4\cdot2\cdot1=-7<0$$
であるから，$2x^2+x+1<0$ の解は，

ない

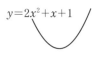

(3) -2 を左辺に移項して，
$$4x^2+x+2\geqq0$$
x^2 の係数が正で，$4x^2+x+2=0$
の判別式 D は，
$$D=1^2-4\cdot4\cdot2=-31<0$$
であるから，$4x^2+x\geqq-2$ の解は，

すべての実数

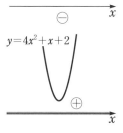

(4) 1 を左辺に移項して，
$$-3x^2+2x-1\geqq0$$
両辺に -1 を掛けて，
$$3x^2-2x+1\leqq0$$
x^2 の係数が正で，$3x^2-2x+1=0$
の判別式 D は，
$$D=(-2)^2-4\cdot3\cdot1=-8<0$$
であるから，$-3x^2+2x\geqq1$ の解は，

ない

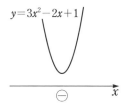

⚠注意 (3)，(4) $D<0$ のとき，グラフが x 軸と共有点をもたないから，$\geqq$
および $\leqq$ は，$>$ および $<$ と同じように扱ってよい。

☑ **問43**　次の2次不等式を解け。

教科書 **p.90**

(1)　$x^2+2x>0$　　　　　　　　(2)　$x^2-4x-2\leqq0$

(3)　$4x-x^2\geqq4$　　　　　　　(4)　$4x^2-12x+9>0$

(5)　$-x^2-x-4<0$　　　　　(6)　$x^2+2x+3\leqq0$

- -

ガイド　$a>0$ のときの2次方程式・2次不等式の解は，次の表のようになる。

$D=b^2-4ac$ の符号	$D>0$	$D=0$	$D<0$
$y=ax^2+bx+c$ のグラフ	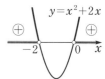		
$ax^2+bx+c=0$ の実数解	$x=\alpha,\ \beta\ (\alpha<\beta)$ $\binom{異なる}{2\,つの実数解}$	$x=\alpha$ （重解）	実数解はない
$ax^2+bx+c>0$ の解	$x<\alpha,\ \beta<x$	α 以外の すべての実数	すべての実数
$ax^2+bx+c<0$ の解	$\alpha<x<\beta$	解はない	解はない
$ax^2+bx+c\geqq0$ の解	$x\leqq\alpha,\ \beta\leqq x$	すべての実数	すべての実数
$ax^2+bx+c\leqq0$ の解	$\alpha\leqq x\leqq\beta$	$x=\alpha$	解はない

解答

(1)　左辺を因数分解して，
$$x(x+2)>0$$
よって，$x^2+2x>0$ の解は，
$$\boldsymbol{x<-2,\ 0<x}$$

(2)　$x^2-4x-2=0$ を解くと，
$$x=2\pm\sqrt{6}$$
よって，$x^2-4x-2\leqq0$ の解は，
$$\boldsymbol{2-\sqrt{6}\leqq x\leqq2+\sqrt{6}}$$

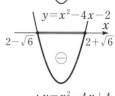

(3)　4 を左辺に移項して，　　$-x^2+4x-4\geqq0$
両辺に -1 を掛けて，　　$x^2-4x+4\leqq0$
左辺を因数分解して，　　$(x-2)^2\leqq0$
よって，$4x-x^2\geqq4$ の解は，　$\boldsymbol{x=2}$

(4) 左辺を因数分解して、　$(2x-3)^2>0$

よって、$4x^2-12x+9>0$ の解は、

$\dfrac{3}{2}$ **以外のすべての実数**

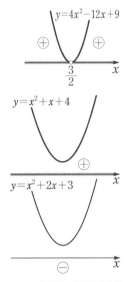

(5) 両辺に -1 を掛けて、　$x^2+x+4>0$

x^2 の係数が正で、$x^2+x+4=0$

の判別式 D は、

$$D=1^2-4\cdot1\cdot4=-15<0$$

であるから、$-x^2-x-4<0$ の解は、

すべての実数

(6) x^2 の係数が正で、$x^2+2x+3=0$

の判別式 D は、

$$D=2^2-4\cdot1\cdot3=-8<0$$

であるから、$x^2+2x+3\leqq0$ の解は、**ない**

テクニック　2次不等式を解く場合には、次の手順に沿って考える。

(i) 左辺にすべて移項し、右辺が 0、左辺が ax^2+bx+c の形になるように整理する。このとき、x^2 の係数が負ならば、両辺に -1 を掛けて正にする。

(ii) (i)で整理して得られた不等式について、

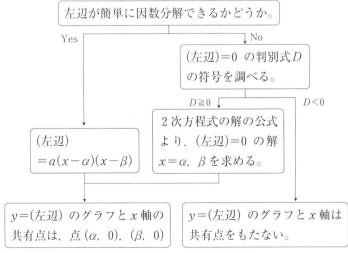

(iii) (ii)より、与えられた不等式を満たす x の値の範囲を求める。

4　2次不等式の応用

□ **問44**

教科書
p.91

連立不等式 $\begin{cases} x^2+4x-5 \leqq 0 \\ x^2-4x>0 \end{cases}$ を解け。

- -

ガイド　それぞれの不等式を解き，数直線を利用して共通範囲を求める。

解答　$x^2+4x-5 \leqq 0$ より，　$(x+5)(x-1) \leqq 0$

よって，　$-5 \leqq x \leqq 1$　……①

$x^2-4x>0$ より，　$x(x-4)>0$

よって，　$x<0,\ 4<x$　……②

①，②の共通範囲を求めて，

$-5 \leqq x < 0$

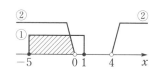

□ **問45**　2次不等式 $-2x^2+kx-k<0$ の解がすべての実数となるとき，定数

教科書
p.91

k の値の範囲を求めよ。

- -

ガイド　まず，両辺に -1 を掛けて，$2x^2-kx+k>0$ とする。

放物線 $y=2x^2-kx+k$ は下に凸であるから，すべての x で $y>0$ となるのは，グラフが x 軸と共有点をもたないときである。

解答　両辺に -1 を掛けて，　$2x^2-kx+k>0$

2次方程式 $2x^2-kx+k=0$ の判別式を D とする。

x^2 の係数が正であるから，この不等式の解が

すべての実数であるための条件は，$D<0$ である。

$$D=(-k)^2-4\cdot2\cdot k=k^2-8k<0$$

すなわち，　$k(k-8)<0$

よって，　$0<k<8$

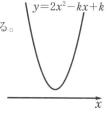

参考　放物線 $y=-2x^2+kx-k$ のグラフをかくと，上に凸の放物線となる。すべての x で $y<0$ となるのは，グラフが x 軸の下方にあるとき，すなわち，x 軸と共有点をもたないときである。

したがって，2次方程式 $-2x^2+kx-k=0$ の判別式を D として，$D<0$ となるような k の値の範囲を求めてもよい。

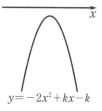

第

2

章

2
次
関
数

☑ **問46** 　2次方程式 $x^2-ax+a+3=0$ が異なる2つの負の解をもつとき，定

教科書
p.92 数 a の値の範囲を求めよ。

- -

ガイド 　2次関数 $y=x^2-ax+a+3$ のグラフが，x 軸の負の部分と異なる

2点で交わる条件を考える。

解答 　$f(x)=x^2-ax+a+3$ とおくと，

$$f(x)=\left(x-\frac{a}{2}\right)^2-\frac{a^2}{4}+a+3$$

2次関数 $y=f(x)$ のグラフは下に凸の

放物線で，その軸は直線 $x=\dfrac{a}{2}$ である。

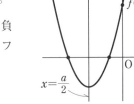

2次方程式 $f(x)=0$ が異なる2つの負
の解をもつためには，$y=f(x)$ のグラフ
が，次の3つの条件を満たせばよい。

(ⅰ)　x 軸と異なる2点で交わる。

(ⅱ)　軸が $x<0$ の部分にある。

(ⅲ)　y 軸と $y>0$ の部分で交わる。

(ⅰ)より，2次方程式 $f(x)=0$ の判別式 D について，

$$D=(-a)^2-4\cdot1\cdot(a+3)=a^2-4a-12=(a+2)(a-6)>0$$

したがって，　$a<-2,\ 6<a$ 　……①

(ⅱ)より，　$\dfrac{a}{2}<0$

したがって，　$a<0$ 　　　　　……②

(ⅲ)より，　$f(0)=a+3>0$

したがって，　$a>-3$ 　　　　……③

①～③より，　$-3<a<-2$

⚠注意 　上で扱った(ⅰ)～(ⅲ)のうち，どの条件が欠けて
も題意を満たすには不十分となる。

例えば，(ⅰ)，(ⅱ)が成り立ち，(ⅲ)が成り立たな
いとき，右の図のような場合が考えられる。

他の条件が欠けた場合についても，図を使っ
て考えてみよう。

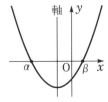

☐ **問47**　2次方程式 $2x^2+x-2a-1=0$ が正の解と負の解をもつとき，定数 a

教科書
p.93　の値の範囲を求めよ。

- -

ガイド　2次関数 $y=2x^2+x-2a-1$ のグラフが，x 軸の正の部分と負の
部分でそれぞれ交わる条件を考える。

解答　$f(x)=2x^2+x-2a-1$ とおくと，2次方程式
$f(x)=0$ が正の解と負の解をもつとき，2次関数
$y=f(x)$ のグラフは x 軸の $x>0$ の範囲と
$x<0$ の範囲でそれぞれ x 軸と交わる。

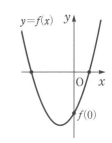

　$y=f(x)$ のグラフは下に凸であるから，y 軸と
$y<0$ の部分で交わればよい。

　　よって，$f(0)=-2a-1<0$ より，　$a>-\dfrac{1}{2}$

☐ **問48**　右の図のような直角三角形の土地に，ビ

教科書
p.93　ルを建てるために長方形の土地をとりたい。
図のように，辺上に頂点をもつ長方形
ABCD を作るとき，長方形の面積を $400\,\mathrm{m}^2$
以上にするための辺 AB の長さの範囲を求
めよ。

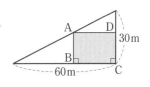

- -

ガイド　AB の長さを x m として，長方形 ABCD の面積を x を用いて表す。

解答　右の図のように，直角三角形の頂点
を E，F とする。

　　AB の長さを x m とすると，DF の
長さは $(30-x)$ m である。

　　$x>0$，$30-x>0$ より，　$0<x<30$ ……①

　　$\triangle$FAD$\infty\triangle$FEC であるから，

$$AD=\frac{EC}{FC}\times DF=2(30-x)$$

　条件より，　$x\cdot2(30-x)\geqq400$，　すなわち，　$x^2-30x+200\leqq0$
$(x-10)(x-20)\leqq0$ より，　$10\leqq x\leqq20$ ……②

　①，②より，　$10\leqq x\leqq20$　　よって，**10 m 以上 20 m 以下**

節 末 問 題

☑ **1**
教科書
p.94
次の2次方程式が実数解をもつか調べ，実数解をもつ場合はそれを求めよ。

(1)　$2(x^2+1)=3x$　　　　(2)　$\sqrt{3}\,x^2-6x+3\sqrt{3}=0$

ガイド　まず，2次方程式の判別式 $D\left(\text{または } \dfrac{D}{4}\right)$ の符号を考える。

解答　(1)　左辺を展開して整理すると，
$$2x^2-3x+2=0$$
この2次方程式の判別式を D とすると，

$D=(-3)^2-4\cdot2\cdot2=-7<0$ であるから，**実数解をもたない**。

(2)　この2次方程式の判別式を D とすると，

$D=(-6)^2-4\cdot\sqrt{3}\cdot3\sqrt{3}=0$ であるから，**実数解(重解)をもつ**。

$\sqrt{3}\,x^2-6x+3\sqrt{3}=0$ の両辺を $\sqrt{3}$ で割ると，
$$x^2-2\sqrt{3}\,x+3=0$$
左辺を因数分解すると，　$(x-\sqrt{3})^2=0$

よって，解は，　$\boldsymbol{x=\sqrt{3}}$

参考　(2)は，D のかわりに $\dfrac{D}{4}$ を用いて考えてもよい。

☑ **2**
教科書
p.94
2次方程式 $3x^2-2x+m=0$ が実数解をもたないとき，定数 m の値の範囲を求めよ。

ガイド　2次方程式の判別式 D について，$D<0$ であることから，m についての不等式を作る。

解答　この2次方程式の判別式を D とすると，
$$D=(-2)^2-4\cdot3\cdot m=4-12m$$
2次方程式が実数解をもたないから，$D<0$ である。

すなわち，$4-12m<0$ より，　$\boldsymbol{m>\dfrac{1}{3}}$

☐ 3
教科書
p.94
x 軸と2点 $(-4,\ 0)$，$(5,\ 0)$ で交わり，点 $(2,\ 9)$ を通る放物線をグラフとする2次関数を求めよ。

ガイド　一般に，2次関数 $y=a(x-\alpha)(x-\beta)$ の
グラフと x 軸の共有点の x 座標は，$y=0$ と
おいてできる2次方程式 $a(x-\alpha)(x-\beta)=0$
の実数解 $x=\alpha,\ \beta$ である。

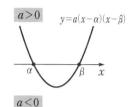

　　逆に，x 軸と2点 $(\alpha,\ 0)$，$(\beta,\ 0)$ で交わる
放物線の方程式は，$y=a(x-\alpha)(x-\beta)$ とおける。

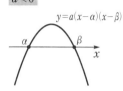

解答　放物線が x 軸と2点 $(-4,\ 0)$，$(5,\ 0)$ で交わることから，求める2次関数は，$y=a(x+4)(x-5)$ とおける。

　　点 $(2,\ 9)$ を通るから，　$9=a\cdot 6\cdot(-3)$

　　したがって，　$a=-\dfrac{1}{2}$

　　よって，　$y=-\dfrac{1}{2}(x+4)(x-5)$

⚠注意　x 軸との共有点の座標からだけでは，x^2 の係数はわからないから，求める式を $y=(x+4)(x-5)$ とおかないように。

別解　グラフが通る3点がわかっているから，本書 p.72 **問 15** のように，求める2次関数を $y=ax^2+bx+c$ とおいて求めることもできる。

　　求める2次関数を，$y=ax^2+bx+c$ とおく。

　　この関数のグラフが，

　　点 $(-4,\ 0)$ を通るから，　$16a-4b+c=0$　……①

　　点 $(5,\ 0)$ を通るから，　$25a+5b+c=0$　……②

　　点 $(2,\ 9)$ を通るから，　$4a+2b+c=9$　……③

　　①～③を解いて，　$a=-\dfrac{1}{2}$，$b=\dfrac{1}{2}$，$c=10$

　　よって，　$y=-\dfrac{1}{2}x^2+\dfrac{1}{2}x+10$

4

教科書 p.94

2次関数 $y=4x^2+2(m-1)x-m+4$ のグラフが x 軸と接するように，定数 m の値を定めよ。また，接点の座標を求めよ。

ガイド x 軸と接することから，2次方程式の判別式 D について $D=0$ であることから，m の値を求める。

解答 2次方程式 $4x^2+2(m-1)x-m+4=0$ の判別式を D とすると，

$$D=\{2(m-1)\}^2-4\cdot4\cdot(-m+4)=4(m-1)^2-16(-m+4)$$
$$=4m^2+8m-60=4(m^2+2m-15)=4(m+5)(m-3)$$

2次関数 $y=4x^2+2(m-1)x-m+4$ のグラフが x 軸と接するのは $D=0$ のときであるから，

$$4(m+5)(m-3)=0$$

したがって，　$m=-5,\ 3$

$m=-5$ のとき，もとの2次関数は，　$y=4x^2-12x+9=(2x-3)^2$

よって，　**接点の座標は，** $\left(\dfrac{3}{2},\ 0\right)$

$m=3$ のとき，もとの2次関数は，　$y=4x^2+4x+1=(2x+1)^2$

よって，　**接点の座標は，** $\left(-\dfrac{1}{2},\ 0\right)$

参考 $\dfrac{D}{4}=(m-1)^2-4\cdot(-m+4)=m^2+2m-15=(m+5)(m-3)$

を用いて m の値を求めてもよい。

5

教科書 p.94

次の2次不等式を解け。

(1) $(x-1)(x+4)<14$ 　　　　(2) $-x^2+x<\dfrac{1}{4}$

ガイド 簡単なグラフをかくことで，解が視覚的にとらえやすくなる。

(1) 左辺を展開し，整理してから因数分解する。

解答 (1) 左辺を展開し，移項して整理すると，

$$x^2+3x-4<14$$
$$x^2+3x-18<0$$
$$(x+6)(x-3)<0$$

よって，求める解は，　$-6<x<3$

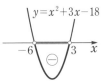

(2)　両辺を 4 倍し，移項して整理すると，

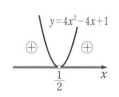

$$-4x^2+4x<1$$
$$-4x^2+4x-1<0$$
$$4x^2-4x+1>0$$
$$(2x-1)^2>0$$

よって，求める解は，　　$\dfrac{1}{2}$ **以外のすべての実数**

□ **6**

教科書
p.94

2 次不等式 $ax^2+bx+12>0$ の解が $-4<x<1$ であるとき，定数 a，b の値を求めよ。

ガイド　2 次不等式の解が $-4<x<1$ であることから，逆に，因数分解した形の 2 次不等式を作り，$ax^2+bx+12>0$ と比較する。

解答　解が $-4<x<1$ となる 2 次不等式の 1 つは，

$$(x+4)(x-1)<0$$

すなわち，$x^2+3x-4<0$　……①

与えられた 2 次不等式

$$ax^2+bx+12>0$$　……②

と定数項どうしを比較して，①の両辺を -3 倍すると，

$$-3x^2-9x+12>0$$

これが②と一致するから，

$$a=-3,\ b=-9$$

解が $\alpha<x<\beta$ の形になるのは，$a>0$ で，$a(x-\alpha)(x-\beta)<0$ の形になるときだったね。

参考　2 次関数 $y=ax^2+bx+12$ のグラフを考えると，与えられた条件より，$a<0$ であり，グラフが 2 点 $(-4,\ 0)$，$(1,\ 0)$ を通ることから，それぞれの座標の値を代入して，a，b の値を求めてもよい。

別解　2 次関数 $y=ax^2+bx+12$ のグラフを考える。$y>0$ となる範囲が $-4<x<1$ であることより，グラフは上に凸の放物線，すなわち，$a<0$ で，右の図のようになる。

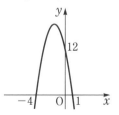

このグラフが 2 点 $(-4,\ 0)$，$(1,\ 0)$ を通るから，それぞれの座標の値を代入して，

$$\begin{cases} 16a-4b+12=0 \\ a+b+12=0 \end{cases}$$

これを解いて，　$a=-3,\ b=-9$　（これは，$a<0$ を満たす。）

□ **7**

教科書
p.94

2次関数 $y=x^2-kx-k+2$ のグラフと x 軸の共有点の個数は，定数 k の値によってどのように変わるか調べよ。

ガイド 判別式 D の符号で場合分けをし，x 軸との位置関係を考える。

解答▶ 2次方程式 $x^2-kx-k+2=0$ の判別式を D とすると，

$$D=(-k)^2-4\cdot1\cdot(-k+2)=k^2+4k-8$$

$k^2+4k-8=0$ を解くと，　$k=-2\pm2\sqrt{3}$

（ⅰ）$D>0$ のとき，

$k^2+4k-8>0$ より，

$$k<-2-2\sqrt{3}, \quad -2+2\sqrt{3}<k$$

このとき，グラフは x 軸と異なる2点で交わる。

（ⅱ）$D=0$ のとき，

$k^2+4k-8=0$ より，

$$k=-2\pm2\sqrt{3}$$

このとき，グラフは x 軸と接する。

（ⅲ）$D<0$ のとき，

$k^2+4k-8<0$ より，

$$-2-2\sqrt{3}<k<-2+2\sqrt{3}$$

このとき，グラフは x 軸と共有点をもたない。

よって，2次関数 $y=x^2-kx-k+2$ のグラフと x 軸の共有点の個数は，次のようになる。

$k<-2-2\sqrt{3}, \ -2+2\sqrt{3}<k$ **のとき，2個**

$k=-2\pm2\sqrt{3}$ **のとき，1個**

$-2-2\sqrt{3}<k<-2+2\sqrt{3}$ **のとき，0個**

本書 p.100 の表を
思い出そう！

☑ **8**
教科書
p.94
　2次不等式 $x^2-2ax<0$ の解を，定数 a の値の範囲が次の場合について求めよ。
　(1)　$a>0$ のとき　　　(2)　$a=0$ のとき　　　(3)　$a<0$ のとき

ガイド　まず，左辺を因数分解してみる。

解答　$x^2-2ax<0$ より，　$x(x-2a)<0$

したがって，2次関数 $y=x^2-2ax$ のグラフと x 軸の共有点の座標は，$(0,\ 0)$，$(2a,\ 0)$ である。

(1)　$a>0$ より，　$2a>0$

よって，図(i)より，求める解は，

　　$0<x<2a$

(2)　$a=0$ より，　$2a=0$

2次関数 $y=x^2-2ax$，すなわち，$y=x^2$ のグラフは原点Oで x 軸と接する。

よって，図(ii)より，　**解はない**

(3)　$a<0$ より，　$2a<0$

よって，図(iii)より，求める解は，

　　$2a<x<0$

(i) $a>0$
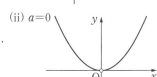

(ii) $a=0$
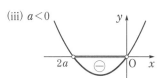

(iii) $a<0$
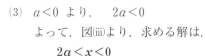

☑ **9**
教科書
p.94
　2次不等式 $ax^2+(a-1)x+a-1>0$ の解がすべての実数となるとき，定数 a の値の範囲を求めよ。

ガイド　2次関数 $y=ax^2+(a-1)x+a-1$ が，つねに $y>0$ を満たすと考えると，グラフが下に凸の放物線で，x 軸と共有点をもたないような条件を求めればよい。

解答　2次関数 $y=ax^2+(a-1)x+a-1$ のグラフを考えると，与えられた不等式の解が，すべての実数であるためには，このグラフは下に凸の放物線でなければならない。

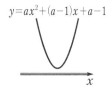

$y=ax^2+(a-1)x+a-1$

よって， $a>0$ ……①

また，2次方程式 $ax^2+(a-1)x+a-1=0$ の判別式を D とする。

①のもとで，x^2 の係数が正であるから，題意より，$D<0$ である。

$$D=(a-1)^2-4\cdot a\cdot(a-1)=-3a^2+2a+1<0$$

すなわち， $3a^2-2a-1>0$

$(3a+1)(a-1)>0$

よって， $a<-\dfrac{1}{3}$，$1<a$ ……②

①，②の共通範囲を求めて， **$a>1$**

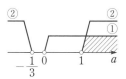

⚠️**注意** グラフが下に凸の放物線であるという条件①を忘れないように。

> 本書 p.109 の表も確認しておこう！

研究〉 絶対値を含む関数のグラフ

問題 次の関数のグラフをかけ。

教科書 **p.95**

(1) $y=|2x-1|$ 　　　　　　(2) $y=|x^2+x-2|$

- -

ガイド 絶対値記号をはずすときは，その中の式の値が 0 以上か 0 未満かで場合分けをする。

(1) $|2x-1|=\begin{cases} 2x-1 & (2x-1\geqq0) \\ -(2x-1) & (2x-1<0) \end{cases}$

(2) $|x^2+x-2|=\begin{cases} x^2+x-2 & (x^2+x-2\geqq0) \\ -(x^2+x-2) & (x^2+x-2<0) \end{cases}$

> 負の場合は，式をかっこでくくって，－をつければいいんだね。

解答　(1) $2x-1 \geqq 0$　すなわち，$x \geqq \dfrac{1}{2}$ のとき，

$$y=|2x-1|=2x-1$$

$2x-1<0$　すなわち，$x<\dfrac{1}{2}$ のとき，

$$y=|2x-1|=-(2x-1)=-2x+1$$

よって，$y=|2x-1|$ のグラフは下の図のようになる。

(2) 絶対値記号の中の式を因数分解すると，

$$x^2+x-2=(x+2)(x-1)$$

$x^2+x-2 \geqq 0$　すなわち，$x \leqq -2,\ 1 \leqq x$ のとき，

$$y=|x^2+x-2|=x^2+x-2=\left(x+\dfrac{1}{2}\right)^2-\dfrac{9}{4}$$

$x^2+x-2<0$　すなわち，$-2<x<1$ のとき，

$$y=|x^2+x-2|=-(x^2+x-2)=-\left(x+\dfrac{1}{2}\right)^2+\dfrac{9}{4}$$

よって，$y=|x^2+x-2|$ のグラフは下の図のようになる。

(1)
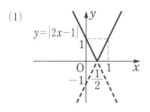

(2)
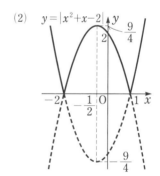

テク ニック　関数 $y=|f(x)|$ のグラフは，関数 $y=f(x)$ のグラフを考え，x 軸より下の部分を，x 軸に関して対称に折り返すことでかくこともできる。

x 軸で折り返すと，$y=f(x)$ の負の部分が正になるね。

章 末 問 題

A

☐ **1.**

教科書 **p.96**

右の図のように，放物線 $y=4-x^2$ 上と x 軸上に頂点をもつ長方形 ABCD がある。点 C の座標を $(t, 0)$ とするとき，次の問いに答えよ。ただし，$0<t<2$ とする。

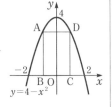

(1) 長方形の周の長さを ℓ とするとき，ℓ を t の式で表せ。

(2) ℓ の最大値を求めよ。

ガイド　まず，長方形 ABCD の各頂点の座標を t の式で表す。点 (a, b) と y 軸に関して対称な点は，$(-a, b)$ であるから，点 C$(t, 0)$ と y 軸に関して対称な点 B は，B$(-t, 0)$ となる。また，A，D はそれぞれ B，C と x 座標が等しいから，A$(-t, 4-t^2)$，D$(t, 4-t^2)$ となる。

解答

(1) 点 B は，点 C と y 軸に関して対称であるから，　B$(-t, 0)$

また，2 点 A，D はそれぞれ B，C と x 座標が等しく，放物線 $y=4-x^2$ 上にあるから，　A$(-t, 4-t^2)$，D$(t, 4-t^2)$

AD$=$BC$=t-(-t)=2t$，AB$=$DC$=4-t^2$ より，

$$\ell=2(\text{AD}+\text{AB})=2(2t+4-t^2)$$
$$=-2t^2+4t+8 \quad (0<t<2)$$

(2) (1)より，$0<t<2$ において，

$$\ell=-2t^2+4t+8=-2(t^2-2t)+8$$
$$=-2\{(t-1)^2-1^2\}+8$$
$$=-2(t-1)^2+10$$

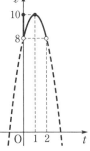

この関数のグラフは，右の図の実線部分であるから，　　**$t=1$ のとき，最大値 10**

参考　$0<t<2$ という条件がなければ，点 C が，放物線の右側（$t>2$）や y 軸の左側（$t<0$）にあることも考えられるが，いずれの場合においても，AD$=$BC$=2|t|$，AB$=$DC$=|4-t^2|$ とすれば，

$$\ell=2(\text{AD}+\text{AB})=2(2|t|+|4-t^2|)$$

と表すことができる。$t>2$，$-2<t<0$，$t<-2$ の各場合について，絶対値記号をはずし，それぞれのグラフを考えてみよう。

第2章 2次関数

☑ **2.**
教科書 **p.96**

x についての2次方程式 $x^2-mx+m^2-7=0$ の1つの解が $x=2$ であるとき,定数 m の値とそのときの他の解を求めよ。

ガイド $x=2$ を方程式に代入し,m についての2次方程式を解く。求めた m の値をもとの方程式に代入すると,x についての2次方程式となる。

解答 $x=2$ がこの方程式の解であるとき,

$$2^2-2m+m^2-7=0, \quad m^2-2m-3=0, \quad (m+1)(m-3)=0$$

よって,$m=-1, 3$

$m=-1$ のとき,与えられた方程式は,$x^2+x-6=0$ となり,

$(x-2)(x+3)=0$ であるから, **他の解は,$x=-3$**

$m=3$ のとき,与えられた方程式は,$x^2-3x+2=0$ となり,

$(x-1)(x-2)=0$ であるから, **他の解は,$x=1$**

☑ **3.**
教科書 **p.96**

点 $(3, 0)$ で x 軸に接し,点 $(1, 1)$ を通る放物線をグラフとする2次関数を求めよ。

ガイド 放物線が x 軸に接するとき,その接点が頂点となる。

解答 頂点が点 $(3, 0)$ であるから,求める2次関数は,$y=a(x-3)^2$ とおける。このグラフが点 $(1, 1)$ を通るから, $1=a(1-3)^2$

よって,$a=\dfrac{1}{4}$ より, $y=\dfrac{1}{4}(x-3)^2$

☑ **4.**
教科書 **p.96**

2次関数 $y=ax^2+bx+c$ のグラフが次の図のようになっているとき,それぞれの図について,定数 a, b, c および $D=b^2-4ac$ の符号が正,負,0のどれであるかを答えよ。ただし,(2)のグラフは原点を通り,(4)のグラフは x 軸と接している。

(1)
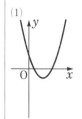

(2)
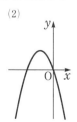

(3)
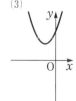

(4)
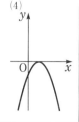

ガイド $y=ax^2+bx+c=a\left(x+\dfrac{b}{2a}\right)^2-\dfrac{b^2-4ac}{4a}$ より，放物線の軸は直線

$x=-\dfrac{b}{2a}$，頂点は点 $\left(-\dfrac{b}{2a},\ -\dfrac{b^2-4ac}{4a}\right)$ である。

a の符号は，放物線の向き（上に凸か下に凸か）から決まる。

b の符号は，a の符号とあわせて，軸の位置から決まる。

c の値は，y 軸との共有点の y 座標である。

判別式 D の符号は，x 軸との共有点の個数から決まる。

解答 (1) 下に凸，軸は正，y 軸との共有点の y 座標は正，x 軸との共有
点は 2 個であるから，　$a>0$，$b<0$，$c>0$，$D>0$

(2) 上に凸，軸は負，y 軸との共有点の y 座標は 0，x 軸との共有点
は 2 個であるから，　$a<0$，$b<0$，$c=0$，$D>0$

(3) 下に凸，軸は負，y 軸との共有点の y 座標は正，x 軸との共有
点は 0 個であるから，　$a>0$，$b>0$，$c>0$，$D<0$

(4) 上に凸，軸は正，y 軸との共有点の y 座標は負，x 軸との共有
点は 1 個であるから，　$a<0$，$b>0$，$c<0$，$D=0$

☐ **5.**
教科書
p.96

> 2 つの 2 次方程式 $x^2+2kx+8k=0$，$x^2-2kx-3k+4=0$ のどちら
> か一方だけが実数解をもつとき，定数 k の値の範囲を求めよ。

ガイド まず，それぞれの 2 次方程式が実数解をもつための条件として，判
別式 $D\geqq0$ となる k の値の範囲を求める。

解答 $x^2+2kx+8k=0$　　　……①

$x^2-2kx-3k+4=0$　　……②

とおいて，①，②の判別式をそれぞれ D_1，D_2 とすると，

$D_1=(2k)^2-4\cdot1\cdot8k=4k^2-32k=4k(k-8)$

$D_2=(-2k)^2-4\cdot1\cdot(-3k+4)=4k^2+12k-16$

　　$=4(k^2+3k-4)=4(k+4)(k-1)$

①が実数解をもち，②が実数解をもたないのは，

$D_1\geqq0$ かつ $D_2<0$ より，

$\begin{cases} k\leqq0,\ 8\leqq k & ……③ \\ -4<k<1 & ……④ \end{cases}$

③，④より，　$-4<k\leqq0$　……⑤

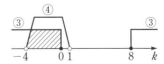

①が実数解をもたず，②が実数解をもつのは，

$D_1 < 0$ かつ $D_2 \geqq 0$ より，

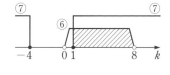

$$\begin{cases} 0 < k < 8 & \cdots\cdots⑥ \\ k \leqq -4, \; 1 \leqq k & \cdots\cdots⑦ \end{cases}$$

⑥，⑦より，　　$1 \leqq k < 8$ ……⑧

⑤，⑧を合わせて，

$$-4 < k \leqq 0, \; 1 \leqq k < 8$$

⚠️**注意** 不等号の扱いに気をつける。

例えば，④を $-4 \leqq k \leqq 1$ とすると，$k = -4$ のとき，どちらも実数解をもつことになってしまうよ。

☐ **6.**

教科書 **p.97**

2次関数 $y = kx^2 + x + k$ について，y の値がつねに負となるように，定数 k の値の範囲を定めよ。

ガイド 与えられた2次関数の y の値がつねに負となるのは，右の図のように，グラフが上に凸の放物線で，x 軸の下方にあり，x 軸と共有点をもたないときである。すなわち，x^2 の係数が負で，判別式 $D < 0$ が成り立つような k の値の範囲を求めればよい。

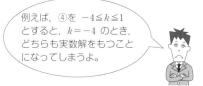

$$y = kx^2 + x + k$$

解答 2次方程式 $kx^2 + x + k = 0$ の判別式を D とする。

条件より，2次関数 $y = kx^2 + x + k$ のグラフは，上に凸の放物線で，x 軸の下方にあり，x 軸と共有点をもたないから，

$$\begin{cases} k < 0 & \cdots\cdots① \\ D = 1^2 - 4 \cdot k \cdot k = 1 - 4k^2 < 0 & \cdots\cdots② \end{cases}$$

②より，　　$4k^2 - 1 > 0$

$$(2k+1)(2k-1) > 0$$

$$k < -\frac{1}{2}, \; \frac{1}{2} < k \quad \cdots\cdots③$$

「2次不等式 $kx^2 + x + k < 0$ の解がすべての実数となるとき，定数 k の値の範囲を求めよ。」という問題といっしょだね。

①，③より，　　$k < -\dfrac{1}{2}$

B

☐ **7.**
教科書
p.97
　放物線 $y=x^2$ を平行移動したもので，頂点が直線 $y=x-2$ 上にあり，原点を通るような放物線の方程式を求めよ。

ガイド 直線 $y=x-2$ 上にあるから，求める放物線の頂点は，点 $(p,\ p-2)$ と表せる。

解答 直線 $y=x-2$ 上にあるから，頂点は点 $(p,\ p-2)$ と表せる。放物線 $y=x^2$ を平行移動したものであるから，求める放物線の方程式は，

$$y=(x-p)^2+p-2 \quad \cdots\cdots ①$$

とおける。

放物線①が原点を通るから，

$$p^2+p-2=0,$$
$$(p+2)(p-1)=0$$

これより，　$p=-2,\ 1$

よって，求める放物線の方程式は，

$p=-2$ のとき，**$y=(x+2)^2-4$**
$p=1$ のとき，　**$y=(x-1)^2-1$**

別解 放物線 $y=x^2$ を平行移動した放物線の方程式は，原点を通ることとあわせて，$y=x^2-2bx$ とおける。

右辺を平方完成して，

$$y=(x-b)^2-b^2 \quad \cdots\cdots ①$$

したがって，放物線①の頂点は点 $(b,\ -b^2)$ であり，これが直線 $y=x-2$ 上にあることから，

$$b-2=-b^2$$
$$b^2+b-2=0$$
$$(b+2)(b-1)=0$$

これより，　$b=-2,\ 1$

よって，求める放物線の方程式は，

$b=-2$ のとき，**$y=(x+2)^2-4$**
$b=1$ のとき，　**$y=(x-1)^2-1$**

☑ **8.**
教科書
p.97
　a を定数とするとき，関数 $y=x^2+4x$ $(a\leqq x\leqq a+1)$ の最大値，最小値を求めよ。また，そのときの x の値を求めよ。

ガイド　$a\leqq x\leqq a+1$ は，定義域の "幅" が 1 であることを表す。

　この関数のグラフは，下に凸の放物線であるから，最大値は，定義域の両端のうち，軸から遠い方でとる。また，最小値は，定義域の両端のうち，軸から近い方，もしくは，放物線の頂点でとる。

解答　$y=x^2+4x=(x+2)^2-4$

　この関数のグラフは，軸が直線 $x=-2$，下に凸の放物線である。

　また，定義域の中央は $x=a+\dfrac{1}{2}$ である。

(i)　定義域の右端が軸より左側にある，
すなわち，**$a<-3$ のとき**，
　　　$x=a$ で最大値 a^2+4a
　　　$x=a+1$ で最小値 a^2+6a+5

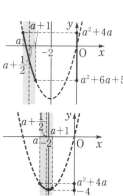

(ii)　定義域の中央と右端の間に軸がある，
すなわち，$a+\dfrac{1}{2}<-2\leqq a+1$ より，
　$-3\leqq a<-\dfrac{5}{2}$ のとき，
　　　$x=a$ で最大値 a^2+4a
　　　$x=-2$ で最小値 -4

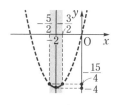

(iii)　定義域の中央が軸と一致する，すなわち，$a+\dfrac{1}{2}=-2$ より，**$a=-\dfrac{5}{2}$ のとき**，
　　　$x=-\dfrac{5}{2}$, $-\dfrac{3}{2}$ で最大値 $-\dfrac{15}{4}$
　　　$x=-2$ で最小値 -4

(iv)　定義域の右端と中央の間に軸がある，
すなわち，$a\leqq-2<a+\dfrac{1}{2}$ より，
　$-\dfrac{5}{2}<a\leqq-2$ のとき，
　　　$x=a+1$ で最大値 a^2+6a+5
　　　$x=-2$ で最小値 -4

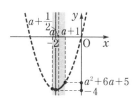

(ⅴ)　定義域の左端が軸より右側にある，
すなわち，$-2<a$ より，$a>-2$ のとき，

$x=a+1$ で最大値 a^2+6a+5
$x=a$ で最小値 a^2+4a

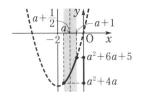

□ **9.**
教科書
p.97

関数 $y=-x^2+2ax+b$ $(-1\leqq x\leqq3)$ は，$x=2$ のとき最大となり，最小値は -4 である。このとき，定数 a，b の値を求めよ。

ガイド　この関数のグラフは，上に凸の放物線であることと，定義域が $-1\leqq x\leqq3$ で，$x=2$ のときに最大となることから，この関数のグラフの軸は，直線 $x=2$ である。

解答　$y=-x^2+2ax+b=-(x-a)^2+a^2+b$

この関数のグラフは，上に凸の放物線であり，定義域が $-1\leqq x\leqq3$ で，定義域内の $x=2$ のとき最大となるから，軸は直線 $x=2$ である。
したがって，　$a=2$
また，$x=-1$ で最小値 -4 をとるから，
　　$-(-1)^2-2a+b=-4$
$a=2$ を代入して，　$-1-4+b=-4$
したがって，　$b=1$
よって，　$a=2$，$b=1$

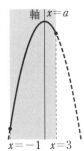

□ **10.**
教科書
p.97

地上にいるＡが，２階のベランダにいるＢにボールを投げ上げて渡そうとしている。Ａが５m以上投げ上げれば渡すことができるとき，次の問いに答えよ。ただし，$a>0$ のとき，毎秒 a m の速さで地上から真上に投げ上げられたボールの x 秒後の高さ y m は，$y=ax-5x^2$ で表されるものとする。

(1)　a を用いて，投げ上げてから何秒後にボールは最も高くなるかを表せ。また，そのときの投げ上げた地点からの高さを求めよ。

(2)　Ａがボールを５m以上投げ上げるための a の値の範囲を求めよ。

ガイド　高さ y (m) を表す関数

$$y = ax - 5x^2 = -5x^2 + ax$$

は，時間 x（秒）についての2次関数である。

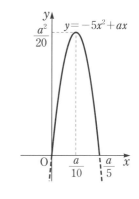

　この関数のグラフは，右の図の実線部分である。

(1)　高さ y の値が最も大きくなる位置は，頂点である。

(2)　ボールが最も高くなる位置が，5 m 以上であればよい。

解答　(1)　$y = ax - 5x^2 = -5\left(x - \dfrac{a}{10}\right)^2 + \dfrac{a^2}{20}$

　　　　であるから，$x > 0$ より，**$\dfrac{a}{10}$ 秒後**にボールは最も高くなり，そ

　　　　のときの投げ上げた地点からの**高さは $\dfrac{a^2}{20}$ m** である。

(2)　条件より，　$\dfrac{a^2}{20} \geqq 5$

　　　すなわち，　$a^2 - 100 \geqq 0$　　$(a+10)(a-10) \geqq 0$

　　　$a > 0$ より，　**$a \geqq 10$**

11.
教科書 **p.97**

k を定数とするとき，関数 $y = kx^2 + (2k-4)x + k - 5$ のグラフと x 軸の共有点の個数を，次の場合について調べよ。

(1)　$k \neq 0$ の場合　　　　　(2)　$k = 0$ の場合

ガイド　(1)　2次関数 $y = ax^2 + bx + c$ のグラフと x 軸の共有点の個数は，2次方程式 $ax^2 + bx + c = 0$ の判別式 $D = b^2 - 4ac$ の符号で決まる。

　　　　　　　$D > 0$ のとき，共有点は2個
　　　　　　　$D = 0$ のとき，共有点は1個
　　　　　　　$D < 0$ のとき，共有点は0個

(2)　$k = 0$ の場合，与えられた関数は1次関数になる。

解答▶ (1) $k \neq 0$ の場合，2次方程式 $kx^2+(2k-4)x+k-5=0$ の判別式をDとすると，

$$D=(2k-4)^2-4 \cdot k \cdot (k-5)$$
$$=4k+16$$
$$=4(k+4)$$

(i) $D>0$ のとき，$4(k+4)>0$ より，　$k>-4$

$k \neq 0$ より，　$-4<k<0,\ 0<k$

このとき，グラフとx軸の共有点は2個。

(ii) $D=0$ のとき，$4(k+4)=0$ より，　$k=-4$

このとき，グラフとx軸の共有点は1個。

(iii) $D<0$ のとき，$4(k+4)<0$ より，　$k<-4$

このとき，グラフとx軸の共有点は0個。

よって，

$-4<k<0,\ 0<k$ のとき，2個

$k=-4$ のとき，1個

$k<-4$ のとき，0個

(2) $k=0$ の場合，与えられた関数は1次関数 $y=-4x-5$ となり，グラフとx軸は点 $\left(-\dfrac{5}{4},\ 0\right)$ のみで交わるから，共有点は**1個**。

□12.
教科書 **p.97**

2次方程式 $x^2-2ax+4=0$ が次のような実数解をもつとき，定数aの値の範囲を求めよ。

(1) 1より大きい異なる2つの解

(2) 1より大きい解を1つと1より小さい解を1つ

(3) $1<x<3$ の範囲で異なる2つの解

ガイド $f(x)=x^2-2ax+4$ とおいて，$y=f(x)$ のグラフとx軸の共有点の位置から，それぞれが満たすべき条件を考える。

解答▶ $f(x)=x^2-2ax+4$ とおくと，　　$f(x)=(x-a)^2-a^2+4$

$y=f(x)$ のグラフは下に凸の放物線で，その軸は直線 $x=a$ である。
また，2次方程式 $f(x)=0$ の判別式を D とすると，

$$D=(-2a)^2-4\cdot1\cdot4=4a^2-16=4(a+2)(a-2)$$

(1) 2次方程式 $f(x)=0$ が1より大きい異なる2つの解をもつた
めには，$y=f(x)$ のグラフが次の3つの条件をすべて満たせば
よい。

　(i)　グラフが x 軸と異なる2点で交わる。

　(ii)　グラフの軸が $x>1$ の部分にある。

　(iii)　グラフが直線 $x=1$ と $y>0$ の部分で交わる。

(i)より，$D>0$ であるから，　$a<-2,\ 2<a$ ……①

(ii)より，　$a>1$ ……②

(iii)より，$f(1)=-2a+5>0$ であるから，　$a<\dfrac{5}{2}$ ……③

①～③より，　$2<a<\dfrac{5}{2}$

(2) 2次方程式 $f(x)=0$ が1より大きい解を1つと1より小さい
解を1つもつためには，$y=f(x)$ のグラフが直線 $x=1$ と $y<0$
の部分で交わればよい。

よって，$f(1)=-2a+5<0$ より，　$a>\dfrac{5}{2}$

(3) 2次方程式 $f(x)=0$ が $1<x<3$ の範囲で異なる2つの解を
もつためには，$y=f(x)$ のグラフが次の3つの条件をすべて満
たせばよい。

　(i)　グラフが x 軸と異なる2点で交わる。

　(ii)　グラフの軸が $1<x<3$ の部分にある。

　(iii)　グラフが直線 $x=1$，$x=3$ と $y>0$ の部分で交わる。

(i)より，$D>0$ であるから，　$a<-2,\ 2<a$ ……④

(ii)より，　$1<a<3$ ……⑤

(iii)より，$f(1)=-2a+5>0$ および $f(3)=-6a+13>0$

であるから，　$a<\dfrac{13}{6}$ ……⑥

④～⑥より，　$2<a<\dfrac{13}{6}$

思考力を養う　2次関数と BMI　課題学習

☑ **Q 1**　次の式をもとに，現在の自分の BMI を計算してみよう。

教科書 **p.98**
$$BMI＝体重 (kg)÷(身長 (m))^2$$

ガイド　体重 (kg) と身長 (m) を代入して求める。

解答　(例)　体重 65 kg，身長 170 cm の場合，　$65÷1.7^2＝22.49……$

☑ **Q 2**　次の式をもとに，自分の身長に対する標準体重を計算してみよう。

教科書 **p.98**
$$標準体重 (kg)＝22×(身長 (m))^2$$

ガイド　身長 (m) を代入して求める。

解答　(例)　身長 170 cm の場合，　$22×1.7^2＝63.58 (kg)$

☑ **Q 3**　他にも，自動車の制動距離や，ボールを投げ上げるときの地面からの距離など，日常生活の中で 2 次関数を用いて表すことのできる数量の関係を探してみよう。

教科書 **p.98**

ガイド　例えば，自動車の制動距離 y m は，ブレーキを踏む直前の速度 x km/h の 2 次関数であることが知られていて，
$$y＝ax^2　　(a の値はおよそ 0.005〜0.01 程度である。)$$
で表される。

解答　(例)　物体が落下し始めてからの時間と落下距離

参考　経済活動を 2 次関数でモデル化した例として，ある商品の値段 x 円とその利益 y 円の関係について考えてみよう。

この商品は，値段を x_0 円としたとき，売上が N_0 個であったとする。値段を x_0 円から 1 円値上げするごとに，売上は n 個ずつの同じ割合で減少すると考えれば，値段 x 円と売上 N 個の関係は，
$$N＝N_0-(x-x_0)n$$
と表される。さらに，商品 1 個を作るのに e 円の諸経費が掛かるとすると，最終的な利益 y 円は，
$$y＝Nx-Ne＝-nx^2+(N_0+nx_0+ne)x-(N_0+nx_0)e$$
と表される。これより，y は x についての 2 次関数で，グラフは上に凸の放物線となるから，利益が最大となるような値段などもわかる。

第3章　集合と命題

第1節　集　合

1　集　合

☑ **問1**　素数全体の集合をAとする。次の□に $\in$, $\notin$ のいずれかを入れよ。

教科書
p.100

(1)　$3 \square A$　　　　　(2)　$15 \square A$　　　　　(3)　$1 \square A$

ガイド　「5以下の自然数全体の集まり」や「整数全体の集まり」などのように，それに入っているものがはっきりしているものの集まりを**集合**という。

　　集合に入っている1つ1つのものを，その集合の**要素**という。

　　集合は，A，Bなどの大文字を使って表すことが多い。

　　aが集合Aの要素であるとき，aは集合Aに**属する**といい，$a \in A$ で表し，bが集合Aの要素でないことを，$b \notin A$ と表す。

解答　(1)　$3 \in A$　　　　　(2)　$15 \notin A$　　　　　(3)　$1 \notin A$

☑ **問2**　次の集合を，要素を書き並べて表せ。

教科書
p.101

(1)　$\{x \mid x$ は24の正の約数$\}$　　　　　(2)　$\{2n-1 \mid n$ は正の整数$\}$

ガイド　集合を表すには，次の2通りの方法がある。

　　[1]　要素を書き並べて表す

　　[2]　要素の満たす条件を述べて表す

　　例えば，1桁の正の奇数全体の集合をAとすると，

　　[1]　$A = \{1, 3, 5, 7, 9\}$　　　　　[2]　$A = \{x \mid x$ は1桁の正の奇数$\}$

のように表される。

解答　(1)　$\{1, 2, 3, 4, 6, 8, 12, 24\}$

　　　　(2)　$\{1, 3, 5, 7, \cdots\cdots\}$

参考 (2)のように，要素の個数が多い場合や無限にある場合には，「……」を用いて表すことがある。

　　有限個の要素からなる集合を**有限集合**，無限に多くの要素からなる集合を**無限集合**という。

☑ **問 3** 次の集合を，要素の満たす条件を述べて表せ。

教科書 **p.101**
(1) $\{3,\ 6,\ 9,\ 12,\ 15,\ 18\}$ 　　　(2) $\{1,\ 4,\ 9,\ 16,\ 25,\ \cdots\cdots,\ 81\}$

ガイド 集合を，要素の満たす条件を述べて表す。

解答 (1) $\{3n\,|\,1\leqq n\leqq 6,\ n$ は整数$\}$

(2) $\{n^2\,|\,1\leqq n\leqq 9,\ n$ は整数$\}$

☑ **問 4** 次の2つの集合 A，B の関係を，$\subset$，$\supset$，$=$ のいずれかを用いて表せ。

教科書 **p.102**
(1) $A=\{-1,\ 0,\ 1,\ 2,\ 3\}$, $B=\{-1,\ 1,\ 3\}$

(2) $A=\{1,\ 2,\ 3,\ 4,\ 6,\ 12\}$, $B=\{x\,|\,x$ は 12 の正の約数$\}$

ガイド 集合 A のどの要素も集合 B の要素であるとき，すなわち，

$$x\in A \text{ ならば } x\in B$$

のとき，A は B の**部分集合**であるといい，

$$A\subset B \text{ または } B\supset A$$

と表す。このとき，A は B に**含まれる**，または，B は A を**含む**という。
　A 自身も集合 A の部分集合である。すなわち，$A\subset A$ である。
　集合 A と集合 B の要素がすべて一致するとき，A と B は**等しい**といい，$A=B$ と表す。$A\subset B$ かつ $B\subset A$ のとき，$A=B$ である。

(2) 集合 B を，要素を書き並べる方法で表し，集合 A と比べる。

解答 (1) 集合 B の要素 -1，1，3 は，すべて集合 A の要素であるから，
　　　　B は A に含まれる。
　　　　また，集合 A の要素 0，2 は，集合 B の要素でない。
　　　　よって，　$A\supset B$（または，$B\subset A$）

(2) 集合 B を，その要素を書き並べて表すと，
$$B=\{1,\ 2,\ 3,\ 4,\ 6,\ 12\}$$
　　　　となるから，集合 A と集合 B の要素はすべて一致する。
　　　　よって，　$A=B$

▢ **問 5** 次の集合 A, B について，$A \cap B$，$A \cup B$ を求めよ。

教科書
p.102
(1)　$A = \{2,\ 3,\ 5,\ 7\}$,　　$B = \{1,\ 3,\ 5,\ 7,\ 9\}$

(2)　x は実数とする。$A = \{x \mid -3 < x < 4\}$, $B = \{x \mid -2 \leqq x \leqq 5\}$

- -

ガイド　2つの集合 A, B において，A と B の両方に属する要素全体の集合を，A と B の**共通部分**といい，$A \cap B$ と表す。すなわち，

$$A \cap B = \{x \mid x \in A \ \text{かつ} \ x \in B\}$$

また，A と B の少なくとも一方に属する要素全体の集合を，A と B の**和集合**といい，$A \cup B$ と表す。すなわち，

$$A \cup B = \{x \mid x \in A \ \text{または} \ x \in B\}$$

解答　(1)　右の図より，

$$A \cap B = \{3,\ 5,\ 7\}$$
$$A \cup B = \{1,\ 2,\ 3,\ 5,\ 7,\ 9\}$$

(2)　下の図より，

$$A \cap B = \{x \mid -2 \leqq x < 4\}$$
$$A \cup B = \{x \mid -3 < x \leqq 5\}$$

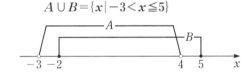

テクニック　右の図のように，A, B の要素を書き入れて共通部分や和集合を考えるとき，まず，イの $A \cap B$ の部分を考え，残りをア，ウの部分に埋めていくとよい。

共通部分から
考えるといいね。

☑ **問6** $A=\{1,\ 2,\ 3\}$ のとき，A の部分集合をすべて答えよ。

教科書
p.103

(ガイド) 例えば，2つの集合 $A=\{1,\ 2,\ 3,\ 4,\ 5\}$
と $B=\{6,\ 7,\ 8,\ 9\}$ の共通部分 $A\cap B$ に
は属する要素が1つもない。このように，
要素を1つももたないものも特別な集合と
考えて，これを **空集合** といい，$\varnothing$ で表す。
　　上の A，B について，$A\cap B=\varnothing$ である。
　　空集合は，すべての集合の部分集合であると考える。

(解答) $\varnothing$，$\{1\}$，$\{2\}$，$\{3\}$，$\{1,\ 2\}$，$\{1,\ 3\}$，$\{2,\ 3\}$，$\{1,\ 2,\ 3\}$

⚠注意 空集合 $\varnothing$ と A 自身も忘れないようにする。

☑ **問7** $A=\{1,\ 3,\ 6,\ 9,\ 12\}$，$B=\{2,\ 3,\ 5,\ 7\}$，$C=\{1,\ 2,\ 3,\ 4,\ 9,\ 12\}$ の

教科書
p.103
とき，$A\cap B\cap C$，$A\cup B\cup C$ を求めよ。

(ガイド) 3つの集合 A，B，C においても，A，B，C の
どれにも属する要素全体の集合を，A，B，C の
共通部分といい，
　　　　$A\cap B\cap C$
で表す。
　　また，A，B，C の少なくとも1つに属する要素
全体の集合を，A，B，C の和集合といい，
　　　　$A\cup B\cup C$
で表す。

(解答) 右の図より，
　　　　$A\cap B\cap C=\{3\}$
　　　　$A\cup B\cup C$
　　　$=\{1,\ 2,\ 3,\ 4,\ 5,\ 6,\ 7,\ 9,\ 12\}$

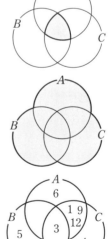

☐ **問 8** $U=\{x|x$ は 12 以下の正の整数$\}$ を全体集合とする。U の部分集合

教科書
p.104

$$A=\{2,\ 4,\ 6,\ 8,\ 10,\ 12\}, \qquad B=\{3,\ 6,\ 9,\ 12\}$$

について，次の集合を，要素を書き並べて表せ。

(1) $\overline{A}$　　　　(2) $A\cap\overline{B}$　　　　(3) $\overline{A\cup B}$　　　　(4) $\overline{A}\cap\overline{B}$

- -

ガイド いくつかの集合を取り扱うときは，ある集合U を定めて，U の要素や部分集合について考えることが多い。このとき，集合Uを**全体集合**という。

全体集合Uの部分集合Aについて，A に属さないU の要素全体の集合をA の**補集合**といい，$\overline{A}$ で表す。すなわち，

$$\overline{A}=\{x|x\in U \text{ かつ } x\notin A\}$$

空集合 $\varnothing$，全体集合Uについては，$\overline{\varnothing}=U$，$\overline{U}=\varnothing$ である。

(1)

(2)

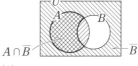

(3)

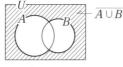

(4)

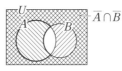

解答 $U=\{1,\ 2,\ 3,\ 4,\ 5,\ 6,\ 7,\ 8,\ 9,\ 10,\ 11,\ 12\}$

$A=\{2,\ 4,\ 6,\ 8,\ 10,\ 12\}$

$B=\{3,\ 6,\ 9,\ 12\}$

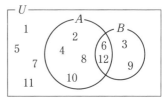

(1) A の補集合であるから，

$$\overline{A}=\{1,\ 3,\ 5,\ 7,\ 9,\ 11\}$$

(2) A と $\overline{B}$ の共通部分であるから，

$$A\cap\overline{B}=\{2,\ 4,\ 8,\ 10\}$$

(3) $A\cup B$ の補集合であるから，

$$\overline{A\cup B}=\{1,\ 5,\ 7,\ 11\}$$

(4) $\overline{A}$ と $\overline{B}$ の共通部分であるから，

$$\overline{A}\cap\overline{B}=\{1,\ 5,\ 7,\ 11\}$$

☑ **問 9**　x は実数とする。$U=\{x\,|\,0\leqq x\leqq10\}$ を全体集合とするとき，U の部分

教科書
p.104　集合
$$A=\{x\,|\,3\leqq x\leqq6\},\qquad B=\{x\,|\,0\leqq x<5\}$$
について，次の集合を求めよ。

(1) $\overline{B}$　　　　　　　　(2) $A\cup\overline{B}$　　　　　　　(3) $\overline{A}\cap\overline{B}$

ガイド　不等式で表された実数の集合は，数直線で考えるとよい。補集合を
調べるときは，不等号の等号の有無に注意する。

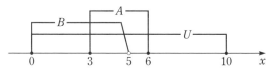

解答　上の図より，

(1) $\overline{B}=\{x\,|\,5\leqq x\leqq10\}$

(2) $A\cup\overline{B}=\{x\,|\,3\leqq x\leqq10\}$

(3) $\overline{A}\cap\overline{B}=\{x\,|\,6<x\leqq10\}$

ここがポイント ☞ ［補集合の性質］
$$A\cup\overline{A}=U,\qquad A\cap\overline{A}=\varnothing,\qquad \overline{\overline{A}}=A$$

⚠**注意**　$\overline{\overline{A}}$ は $\overline{A}$ の補集合を表す。

A に $\overline{A}$ を補うと，
全体になるね！

☑ **問10**　図を用いて，

教科書
p.105　　　$\overline{A\cap B}=\overline{A}\cup\overline{B}$
が成り立つことを確かめよ。

ガイド　全体集合 U から共通部分
$A\cap B$ を除いた部分が，その
補集合 $\overline{A\cap B}$ である。

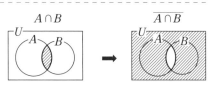

解答　A, B の補集合 $\overline{A}$, $\overline{B}$ は、それぞれ右の図1、図2の斜線部分である。

図1($\overline{A}$)　図2($\overline{B}$)

　　したがって、$\overline{A}$, $\overline{B}$ の和集合 $\overline{A} \cup \overline{B}$ は、右の図3の斜線部分で、これは $A \cap B$ の補集合 $\overline{A \cap B}$ となっているから、

図3($\overline{A} \cup \overline{B}$)

$$\overline{A \cap B} = \overline{A} \cup \overline{B}$$

が成り立つ。

ここがポイント ☞ **［ド・モルガンの法則］**

$$\overline{A \cup B} = \overline{A} \cap \overline{B}, \qquad \overline{A \cap B} = \overline{A} \cup \overline{B}$$

問11　$U = \{x \mid x$ は 12 以下の正の整数$\}$ を全体集合とする。U の部分集合

教科書
p.105

$$A = \{x \mid x \text{ は } 10 \text{ の正の約数}\}$$
$$B = \{x \mid x \text{ は } 12 \text{ の正の約数}\}$$

について、$\overline{A} \cap \overline{B}$ と $\overline{A} \cup \overline{B}$ を求めよ。

- -

ガイド　ド・モルガンの法則を利用して、$\overline{A} \cap \overline{B}$ と $\overline{A} \cup \overline{B}$ を求める。

解答　$A = \{1, 2, 5, 10\}$, $B = \{1, 2, 3, 4, 6, 12\}$ より、

$A \cap B = \{1, 2\}$,

$A \cup B = \{1, 2, 3, 4, 5, 6, 10, 12\}$

ド・モルガンの法則により、

$$\overline{A} \cap \overline{B} = \overline{A \cup B} = \{7, 8, 9, 11\}$$
$$\overline{A} \cup \overline{B} = \overline{A \cap B} = \{3, 4, 5, 6, 7, 8, 9, 10, 11, 12\}$$

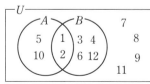

節 末 問 題

☑ **1**
教科書
p.106

N を自然数全体の集合とし，$A=\{x|1<x<8,\ x\in N\}$，
$B=\{3y+1|y\in N\}$ とする。このとき，次の集合を要素を書き並べて表せ。

(1)　A　　　　　　(2)　B　　　　　　(3)　$A\cap B$

ガイド　集合を，その要素を書き並べて表す。

(3)　A は有限集合，B は無限集合であるため，A の要素が B に含まれるかどうかを確かめる。

解答▶　(1)　$A=\{2,\ 3,\ 4,\ 5,\ 6,\ 7\}$

(2)　$B=\{4,\ 7,\ 10,\ 13,\ \cdots\cdots\}$

(3)　$A\cap B=\{4,\ 7\}$

☑ **2**
教科書
p.106

x は実数とする。実数全体を全体集合 U とするとき，U の部分集合
$A=\{x|-1\leqq x\leqq5\}$，$B=\{x|-2<x<2\}$ について，次の集合を求めよ。

(1)　$A\cap B$　　　　　　(2)　$A\cup B$

(3)　$A\cap\overline{B}$　　　　　　(4)　$\overline{A}\cap\overline{B}$

ガイド　数直線で考えるとよい。

(4)　ド・モルガンの法則を利用する。

解答▶　数直線は右のようになる。

(1)　$A\cap B=\{x|-1\leqq x<2\}$

(2)　$A\cup B=\{x|-2<x\leqq5\}$

(3)　$A\cap\overline{B}=\{x|2\leqq x\leqq5\}$

(4)　$\overline{A}\cap\overline{B}=\overline{A\cup B}$
$=\{x|x\leqq-2,\ 5<x\}$

(4)では，ド・モルガンの法則
を使うと考えやすくなるよ。

☑ **3**

教科書
p.106

$U=\{x|1\leqq x\leqq 10,\ x\ は整数\}$ を全体集合とする。U の部分集合
$A=\{2,\ 3,\ 6,\ 7\}$，$B\cap C=\{3,\ 4\}$，$\overline{B}\cap\overline{C}=\{7,\ 9,\ 10\}$，
$\overline{B}\cap C=\{5,\ 6\}$

について，次の集合を求めよ。

(1) $A\cap B\cap C$ 　　　　　　　　(2) $\overline{A\cup B\cup C}$

(3) C 　　　　　　　　　　　　　(4) B

ガイド 与えられた条件から図をかいて考える。

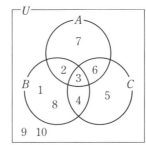

解答 (1) $A\cap B\cap C=A\cap(B\cap C)$
$$=\{3\}$$

(2) $\overline{A\cup B\cup C}=\overline{A\cup(B\cup C)}$
ド・モルガンの法則により，
$$\overline{A\cup(B\cup C)}=\overline{A}\cap(\overline{B\cup C})$$
$$=\overline{A}\cap(\overline{B}\cap\overline{C})$$
$\overline{A}=\{1,\ 4,\ 5,\ 8,\ 9,\ 10\}$，$\overline{B}\cap\overline{C}=\{7,\ 9,\ 10\}$ より，
$$\overline{A\cup B\cup C}=\overline{A}\cap(\overline{B}\cap\overline{C})$$
$$=\{9,\ 10\}$$

(3) $C=(B\cap C)\cup(\overline{B}\cap C)$
$$=\{3,\ 4,\ 5,\ 6\}$$

(4) $\overline{B\cup C}=\overline{B}\cap\overline{C}$
$$=\{7,\ 9,\ 10\}$$
よって，　$B\cup C=\{1,\ 2,\ 3,\ 4,\ 5,\ 6,\ 8\}$
これと，$\overline{B}\cap C=\{5,\ 6\}$ より，
$$B=\{1,\ 2,\ 3,\ 4,\ 8\}$$

第2節 命題と証明

1 命題と集合

☐ **問12**　命題「$x^2=1$ ならば，$x=1$」を $p \Longrightarrow q$ の形で表し，仮定と結論を答
教科書
p.107　えよ。
- -

ガイド　正しいか正しくないかが決まる文や式を**命題**という。命題が正しい
とき，その命題は**真**である，または，**成り立つ**といい，正しくないと
き，その命題は**偽**である，または，**成り立たない**という。

　また，「$x\leqq1$」や「$x>0$」のように，x に値を代入すると，真か偽か
定まるものがある。このような文や式を x に関する**条件**という。

　条件を考える場合，考察の対象となる全体の集合を決めておく。こ
の集合を，その条件の**全体集合**という。

　一般に，命題は，2 つの条件 p，q を用いて「p ならば q」の形で表
されるものが多い。このとき，p を**仮定**，q を**結論**といい，$p \Longrightarrow q$
と表す。

　命題「$p \Longrightarrow q$」は，命題「p を満たすものはすべて q を満たす」を
表している。

解答　$x^2=1 \Longrightarrow x=1$　　　**仮定は「$x^2=1$」，結論は「$x=1$」である。**

⚠注意　本問の命題は偽である。

☐ **問13**　次の命題の真偽を調べよ。また，偽であるときは反例をあげよ。
教科書
p.109　ただし，x は実数とする。
- -
(1)　$-2\leqq x\leqq1 \Longrightarrow x<3$　　　　(2)　$x<4 \Longrightarrow x>0$

(3)　$x^2=9 \Longrightarrow x=3$　　　　　　　(4)　正三角形は二等辺三角形である。

ガイド　命題「$p \Longrightarrow q$」において，

　　　　条件 p を満たすもの全体の集合を P
　　　　条件 q を満たすもの全体の集合を Q
とすると，命題「$p \Longrightarrow q$」が真ならば $P \subset Q$ である。逆に $P \subset Q$
ならば，「$p \Longrightarrow q$」は真である。

ここがポイント 👉

命題「$p \Longrightarrow q$」が真であることと，$P \subset Q$ であることは同じことである。

命題「$p \Longrightarrow q$」が偽であることを示すには，$P \subset Q$ が成り立たないことをいえばよい。これには，「条件 p を満たすが，条件 q を満たさない」例を1つあげればよい。このような例を**反例**という。

(i)　「$p \Longrightarrow q$」が真である

(ii)　「$p \Longrightarrow q$」が偽である

解答 ▶

(1)　$P = \{x \mid -2 \leqq x \leqq 1\}$，$Q = \{x \mid x < 3\}$
とすると，右の図より，$P \subset Q$ であるから，この命題は**真**である。

(2)　$P = \{x \mid x < 4\}$，$Q = \{x \mid x > 0\}$
とすると，右の図より，$P \subset Q$ でない。
$x = -1$ は条件「$x < 4$」を満たすが，条件「$x > 0$」を満たさない。よって，

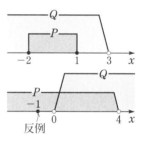

$x = -1$ はこの命題の反例になり，この命題は**偽**である。
　　　反例：$x = -1$

(3)　$x = -3$ は条件「$x^2 = 9$」を満たすが，条件「$x = 3$」を満たさない。よって，$x = -3$ はこの命題の反例になり，この命題は**偽**である。
　　　反例：$x = -3$

(4)　正三角形は3辺の長さが等しい三角形である。
　　　二等辺三角形は3辺のうち少なくとも2辺が等しい三角形である。
　　　したがって，正三角形は二等辺三角形である。
　　　よって，この命題は**真**である。

☑ **問14** 次の ☐ に，「必要」，「十分」，「必要十分」のうち，最も適するもの

教科書
p.109
を入れよ。ただし，x は実数とする。

(1) 四角形 ABCD が長方形であることは，AC＝BD であるための

☐ 条件である。

(2) $x^2>0$ は，$x>0$ であるための ☐ 条件である。

(3) $x=0$ は，$x(x^2+1)=0$ であるための ☐ 条件である。

- -

ガイド 2つの条件 p，q について命題「$p \Longrightarrow q$」が真であるとき，

p は，q であるための**十分条件である**

q は，p であるための**必要条件である**

という。

命題「$p \Longrightarrow q$ かつ $q \Longrightarrow p$」を「$p \Longleftrightarrow q$」と書く。

2つの命題「$p \Longrightarrow q$」，「$q \Longrightarrow p$」がともに真であるとき，すなわ

ち，「$p \Longleftrightarrow q$」が成り立つとき，p と q は**同値**であるという。また，

このとき，

p は，q であるための**必要十分条件である**

という。

(1) AC＝BD となる四角形をいろいろかいてみる。

(2) $x^2>0$ の解を求めてみる。

(3) $x^2+1 \neq 0$ であることに注目する。

解答 (1) （$\Longrightarrow$）四角形 ABCD が長方形ならば，

AC＝BD である。

（$\Longleftarrow$）四角形 ABCD

が AC＝BD を

満たしていても，

長方形にならない

ものもある。

(ア), (イ)の真偽
を調べるのね。

よって，**十分**条件である。

(2) （$\Longrightarrow$）$x^2>0$ の解は，$x>0$ または $x<0$ である。

（$\Longleftarrow$）$x>0$ ならば，$x^2>0$ である。

よって，**必要**条件である。

(3) （$\Longrightarrow$）$x=0$ ならば，$x(x^2+1)=0$ である。

（$\Longleftarrow$）$x^2+1>0$ より，$x(x^2+1)=0$ の解は，$x=0$ である。

よって，**必要十分**条件である。

☑ **問15** 次の条件の否定を述べよ。ただし，x は実数，n は整数とする。

教科書
p.110　(1)　$x \leqq 2$　　　　　　　　　(2)　n は奇数である

ガイド　条件 p に対して，「p でない」も条件である。

条件「p でない」を p の**否定**といい，$\overline{p}$ で表す。

また，$\overline{p}$ の否定 $\overline{\overline{p}}$ は p である。

解答　(1)　条件「$x \leqq 2$」の否定は，　「$\boldsymbol{x > 2}$」

(2)　条件「n は奇数である」の否定は，　「$\boldsymbol{n}$ **は偶数である**」

⚠**注意**　大設問文に「x は実数，n は整数とする」とあるが，これは実数や整数全体を全体集合として考えるということであり，条件ではない。

☑ **問16** 次の条件の否定を述べよ。ただし，x，y は実数とする。

教科書
p.110　(1)　$x < 0$ かつ $y > 0$　　　　　(2)　$x \leqq -1$ または $x > 3$

ガイド　全体集合 U の部分集合で，条件 p，q を満たすもの全体の集合を，それぞれ P，Q とすると，次のような関係がある。

条件「p でない」を満たすもの全体の集合は，$\overline{P}$ である。

条件「p かつ q」を満たすもの全体の集合は，$P \cap Q$ である。

条件「p または q」を満たすもの全体の集合は，$P \cup Q$ である。

ここがポイント ☞ ［ド・モルガンの法則］

$$\overline{p \text{ かつ } q} \Longleftrightarrow \overline{p} \text{ または } \overline{q} \qquad \overline{p \text{ または } q} \Longleftrightarrow \overline{p} \text{ かつ } \overline{q}$$

解答　(1)　条件「$x < 0$ かつ $y > 0$」の否定は，ド・モルガンの法則により，

「$x < 0$ でない，または，$y > 0$ でない」

すなわち，「$\boldsymbol{x \geqq 0}$ **または** $\boldsymbol{y \leqq 0}$」である。

(2)　条件「$x \leqq -1$ または $x > 3$」の否定は，ド・モルガンの法則により，

「$x \leqq -1$ でない，かつ，$x > 3$ でない」

すなわち，「$\boldsymbol{-1 < x \leqq 3}$」である。

⚠**注意**　(2)　「$x > -1$ かつ $x \leqq 3$」でも間違いではないが，**解答**のように，「$-1 < x \leqq 3$」とまとめておくのがふつうである。

2　逆・裏・対偶

□ **問17**　次の命題の逆，裏，対偶を述べよ。また，その真偽を調べよ。ただし，

教科書
p.111　x は実数とする。

(1)　$x^2=x \Longrightarrow x=1$　　　　　　　(2)　$x=0 \Longrightarrow x^2=0$

(3)　12 の倍数は 6 の倍数である。

- -

ガイド　命題「$p \Longrightarrow q$」に対して，**逆**，**裏**，**対偶**を次のように定める。

逆：$q \Longrightarrow p$　　**裏**：$\overline{p} \Longrightarrow \overline{q}$　　**対偶**：$\overline{q} \Longrightarrow \overline{p}$

一般に，命題の間には次のような関係がある。

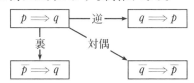

命題が真であっても，その逆は真であるとは限らない。

解答　(1)　**逆「$x=1 \Longrightarrow x^2=x$」は，真**である。

$x=1$ ならば，$x^2=1^2=1$ より，$x^2=x$ が成り立つ。

裏「$x^2 \neq x \Longrightarrow x \neq 1$」は，真である。

$x^2 \neq x$ の解は，「$x \neq 0$ かつ $x \neq 1$」である。

$(x^2 \neq x,\quad x(x-1) \neq 0,\quad x \neq 0$ かつ $x \neq 1)$

対偶「$x \neq 1 \Longrightarrow x^2 \neq x$」は，偽である。

反例：$x=0$

(2)　**逆「$x^2=0 \Longrightarrow x=0$」は，真**である。

$x^2=0$ の解は，$x=0$ である。

裏「$x \neq 0 \Longrightarrow x^2 \neq 0$」は真である。

$x \neq 0$ ならば，$x^2 \neq 0$ が成り立つ。

対偶「$x^2 \neq 0 \Longrightarrow x \neq 0$」は，真である。

$x^2 \neq 0$ の解は，$x \neq 0$ である。

(3)　**逆「6 の倍数は 12 の倍数である。」は，偽**である。

反例：18

裏「12 の倍数でなければ 6 の倍数でない。」は，偽である。

反例：18

対偶「6 の倍数でなければ 12 の倍数でない。」は，真である。

☐ **問18** 整数 n の平方 n^2 が奇数ならば，n は奇数であることを証明せよ。

教科書
p.112

ガイド　**ここがポイント** 👉 ［命題とその対偶の真偽］
　　命題「$p \Longrightarrow q$」とその対偶「$\bar{q} \Longrightarrow \bar{p}$」の真偽は一致する。

解答　もとの命題の対偶「n が奇数でないならば，n^2 は奇数でない」，すなわち「n が偶数ならば，n^2 は偶数である」を証明すればよい。

　　n が偶数のとき，n はある整数 k を用いて，

$$n=2k$$

と表せる。このとき，

$$n^2=(2k)^2=4k^2=2 \cdot 2k^2$$

となる。$2k^2$ は整数であるから，n^2 は偶数である。

　　よって，対偶が証明されたから，もとの命題も成り立つ。

> 正攻法がダメなら，対偶を考えてみよう！

参考　**問17** (1)の裏や(3)の対偶の真偽は，対偶を用いると，

(1)　逆「$x=1 \Longrightarrow x^2=x$」は真であるから，逆の対偶である裏「$x^2 \neq x \Longrightarrow x \neq 1$」も真である。

(3)　もとの命題「12 の倍数は 6 の倍数である。」は真であるから，対偶「6 の倍数でなければ 12 の倍数でない。」も真である。

のように，簡単に調べることができる。

☐ **問19** $\sqrt{2}$ が無理数であることを用いて，次の命題を証明せよ。

教科書
p.113　「$\dfrac{1+\sqrt{2}}{2}$ は無理数である。」

ガイド　ある命題に対して，その命題が成り立たないと仮定して矛盾が生じることを示すことにより，もとの命題が正しいと証明する方法を**背理法**という。

　　本問では，$\dfrac{1+\sqrt{2}}{2}$ が無理数でない，すなわち有理数であると仮定して，矛盾することを示す。

> 「無理数である。」の否定は「有理数である。」だね。

解答▶ $\dfrac{1+\sqrt{2}}{2}$ は無理数でないと仮定すると，$\dfrac{1+\sqrt{2}}{2}$ は有理数である。

その有理数を r とすると，

$$\dfrac{1+\sqrt{2}}{2}=r, \qquad \sqrt{2}=2r-1$$

r は有理数であるから，右辺の $2r-1$ も有理数となり，左辺が無理数であることに矛盾する。

よって，$\dfrac{1+\sqrt{2}}{2}$ は無理数である。

問20 $\sqrt{3}$ は無理数であることを証明せよ。ただし，自然数 a について，a^2 が3の倍数ならば，a は3の倍数であることを用いてもよい。

教科書 **p.114**

ガイド 背理法を用いて証明する。$\sqrt{3}$ は無理数でない，すなわち，$\sqrt{3}$ は有理数であると仮定して，矛盾を導く。

解答▶ 「$\sqrt{3}$ は無理数でない」，すなわち，「$\sqrt{3}$ は有理数である」と仮定すると，$\sqrt{3}$ は，1以外に正の公約数をもたない自然数 m，n を用いて，

$$\sqrt{3}=\dfrac{m}{n}$$

と書ける。

この式の両辺を平方して分母を払うと，

$$m^2=3n^2 \quad \cdots\cdots①$$

となり，m^2 は3の倍数であるから，m も3の倍数である。

そこで，ある自然数 k を用いて $m=3k$ と表し，①に代入すると，

$$9k^2=3n^2$$

すなわち，$n^2=3k^2$

となり，n^2 は3の倍数であるから，n も3の倍数となる。

したがって，m，n はともに3の倍数であり，1以外に正の公約数をもたないことに矛盾する。

よって，$\sqrt{3}$ は無理数である。

参考 「自然数 a について，a^2 が奇数ならば，a は奇数である」ことは **問18** と同じようにして証明できる。

節 末 問 題　　　　　　　　　　　　　　　　第2節｜命題と証明

☑ **1**
教科書
p.115

次の □ に，「必要条件である」，「十分条件である」，「必要十分条件である」，「必要条件でも十分条件でもない」のうち，最も適するものを入れよ。ただし，a，b，x，y は実数とする。

(1)　△ABC が鈍角三角形であることは，∠A>90° であるための □ 。

(2)　$(a-1)(b-1)=0$ は，$a=1$ かつ $b=1$ であるための □ 。

(3)　$x+y≧2$ は，x，y の少なくとも一方が2以上であるための □ 。

(4)　△ABC において，辺 BC の中点をDとする。△ABC が正三角形であることは，AD⊥BC であるための □ 。

(5)　四角形 ABCD が平行四辺形であることは，AB∥DC かつ AB=DC であるための □ 。

ガイド　「⟹」と「⟸」の真偽をそれぞれ調べる。

解答　(1)　(⟹)　△ABC が鈍角三角形であっても，∠A>90° とは限らない。

　　　　　(⟸)　∠A>90° ならば，△ABC は鈍角三角形である。

　　　　　よって，**必要条件である**。

　　(2)　(⟹)　$(a-1)(b-1)=0$ ならば，$a=1$ または $b=1$ である。

　　　　　(⟸)　$a=1$ かつ $b=1$ ならば，$(a-1)(b-1)=0·0=0$ である。

　　　　　よって，**必要条件である**。

　　(3)　(⟹)　$x=y=1$ とすると，$x+y≧2$ は成り立つが，x，y の少なくとも一方が2以上であるとはいえない。

　　　　　(⟸)　$x=3$，$y=-2$ とすると，x，y の少なくとも一方は2以上であるといえるが，$x+y=1$ である。

　　　　　よって，**必要条件でも十分条件でもない**。

　　(4)　(⟹)　△ABC が正三角形ならば，AD⊥BC である。

　　　　　(⟸)　△ABC が AD⊥BC を満たしていても，正三角形にならないものもある。

　　　　　よって，**十分条件である**。

(5) (⟹) 四角形 ABCD が平行四辺形ならば，
　　　　AB∥DC かつ AB＝DC である。

(⟸) AB∥DC かつ AB＝DC ならば，
　　　1組の向かい合う辺が，等しくて
　　　平行であるから，四角形 ABCD は
　　　平行四辺形である。

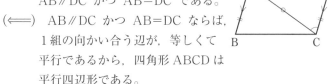

よって，**必要十分条件である。**

☐ 2

教科書
p.115

次の命題の真偽を調べよ。また，その命題の逆，裏，対偶を述べて，その真偽を調べよ。ただし，a, b は実数とする。

(1) 2つの三角形が合同ならば，それらの三角形の面積は等しい。

(2) $ab>0$ ならば，$a>0$ かつ $b>0$ である。

ガイド 命題とその対偶の真偽は一致する。このことから，逆と，その対偶である裏の真偽も一致する。

解答▶

(1) もとの命題は，**真**である。

　　逆「2つの三角形の面積が等しいならば，
　　それらの三角形は合同である。」は，**偽**であ
　　る。（反例：右の図）

（逆・裏の反例）
面積は同じ
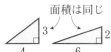

　　裏「2つの三角形が合同でないならば，
　　それらの三角形の面積は等しくない。」は，
　　偽である。（反例：右の図）

　　対偶「2つの三角形の面積が等しくないならば，それらの三角
　　形は合同でない。」は，**真**である。（命題が真であるから，対偶も
　　真である。）

(2) もとの命題は，**偽**である。（反例：$a=b=-1$）

　　逆「$a>0$ かつ $b>0$ ならば，$ab>0$ である。」は，**真**である。

　　裏「$ab≦0$ ならば，$a≦0$ または $b≦0$ である。」は，**真**である。
　　（逆が真であるから，裏も真である。）

　　対偶「$a≦0$ または $b≦0$ ならば，$ab≦0$ である。」は，**偽**であ
　　る。（命題が偽であるから，対偶も偽である。反例：$a=b=-1$）

☑3
教科書
p.115
　2つの整数 m, n に対して，積 mn が偶数ならば，m, n のうち少なくとも一方は偶数であることを証明せよ。

ガイド そのままでは証明しにくいときは，対偶を証明する。

解答 もとの命題の対偶「2つの整数 m, n がともに奇数ならば，積 mn は奇数である。」を証明すればよい。

整数 m, n はともに奇数であるから，整数 k, ℓ を用いて，
$$m=2k+1,\ n=2\ell+1$$
と表せる。このとき，
$$mn=(2k+1)(2\ell+1)=4k\ell+2k+2\ell+1=2(2k\ell+k+\ell)+1$$
となる。$2k\ell+k+\ell$ は整数であるから，積 mn は奇数である。

よって，対偶が証明されたから，もとの命題も成り立つ。

☑4
教科書
p.115
次の問いに答えよ。
(1) $\sqrt{2}$ が無理数であることを用いて，次の命題を証明せよ。
「有理数 p, q が $p+q\sqrt{2}=0$ を満たすならば，$p=q=0$ である。」
(2) x, y を有理数とする。
$(3+\sqrt{2})x+(1-2\sqrt{2})y-(1+5\sqrt{2})=0$ が成り立つとき，x, y の値を求めよ。

ガイド (1) 背理法を利用する。$q\neq0$ と仮定して矛盾を導く。
$\sqrt{2}$ が無理数であることを用いる。
(2) $\sqrt{2}$ を含む項と含まない項に分けて整理し，(1)の結果を利用する。

解答 (1) $q\neq0$ と仮定する。
$$p+q\sqrt{2}=0 \ より，\quad \sqrt{2}=-\frac{p}{q}$$
p, q は有理数であるから，右辺も有理数となり，左辺が無理数であることに矛盾する。

したがって，　$q=0$
このとき，$p+q\sqrt{2}=0$ に $q=0$ を代入すると，　$p=0$
よって，$p=q=0$ である。

⑵ $(3+\sqrt{2})x+(1-2\sqrt{2})y-(1+5\sqrt{2})=0$ より,

$(3x+y-1)+(x-2y-5)\sqrt{2}=0$

x, y は有理数であるから, $3x+y-1$, $x-2y-5$ も有理数である。

したがって, ⑴の結果より,

$3x+y-1=0$ ……① かつ $x-2y-5=0$ ……②

①, ②を解いて, **$x=1$, $y=-2$**

研 究 〉 「すべて」と「ある」 〔発展〕

問題 次の命題の否定を述べよ。また，その否定の真偽を調べよ。

教科書 **p.116**

⑴ すべての実数 x について, $x^2 \geqq 0$

⑵ ある実数 x について, $x^2-x+1<0$

- -

ガイド

ここがポイント 🖙 [「すべて」と「ある」の否定]

命題「すべての x について p」の否定は,「ある x について $\bar{p}$」

命題「ある x について p」の否定は,「すべての x について $\bar{p}$」

命題は真偽がはっきりしていることから，その命題が成り立たないという**否定**もまた命題である。

一般に，命題とその否定の真偽は反対になる。

解答

⑴ 「**ある実数 x について, $x^2<0$**」である。すべての実数の2乗は0以上であるから，この命題は**偽**である。

⑵ 「**すべての実数 x について, $x^2-x+1 \geqq 0$**」である。

$x^2-x+1=0$ の判別式を D とすると，

$D=(-1)^2-4 \cdot 1 \cdot 1=-3<0$ より, $x^2-x+1 \geqq 0$ の解は，すべての実数であるから，この命題は**真**である。

⚠注意 「すべての」という表現を含む命題では，「すべての」が省略されることがある。例えば，「正方形は長方形である」は「すべての正方形は長方形である」となる。

> もとの命題の真偽についても考え，否定した命題の真偽と反対になるか，それぞれ確かめてみよう。

章 末 問 題

A

☑ **1.**
教科書
p.117

次の ☐ に,「必要条件である」,「十分条件である」,「必要十分条
件である」,「必要条件でも十分条件でもない」のうち,最も適するもの
を入れよ。ただし,a, b, c, x, y は実数とする。

(1) $ac=bc$ は,$a=b$ であるための ☐ 。

(2) $|x|<3$ は,$-3<x<3$ であるための ☐ 。

(3) $x>y$ は,$x^2>y^2$ であるための ☐ 。

ガイド (1) $c=0$ の場合を考えてみるとよい。

(2) $|x|<3$ の絶対値記号をはずした形で不等式の解を表してみる
とよい。

(3) x, y に具体的な数値をあてはめて,結論となる条件を満たさな
い場合がないか考えるとよい。

解答 (1) ($\Longrightarrow$) $ac=bc$ ならば,$ac-bc=0$ より,　$(a-b)c=0$

したがって,　$a-b=0$ または $c=0$

すなわち,$a=b$ または $c=0$ であるから,つねに
$a=b$ であるとは限らない。

($\Longleftarrow$) $a=b$ ならば,明らかに $ac=bc$ は成り立つ。

よって,**必要条件である。**

(2) $|x|<3$ の解は,$-3<x<3$ であるから,**必要十分条件である。**

(3) ($\Longrightarrow$) $x=-1$, $y=-3$ とすると,$x>y$ を満たすが,$x^2>y^2$
を満たさない。

($\Longleftarrow$) $x=-3$, $y=-2$ とすると,$x^2>y^2$ を満たすが,$x>y$
を満たさない。

よって,**必要条件でも十分条件でもない。**

参考 (1) 命題「$ac=bc$ かつ $c\neq0 \Longrightarrow a=b$」は,真である。

式変形において,両辺を文字式などで割るときは,それが 0 で
ないことを必ず確認する。

☐ 2.
教科書
p.117

実数 x, y について，次の命題の真偽を調べよ。また，この命題の逆，裏，対偶を述べて，その真偽を調べよ。

$x>1$ かつ $y>1 \Longrightarrow x+y>2$ かつ $xy>1$

ガイド $x>1$，$y>1$ の辺々を加えたり，掛けたりしてみる。

解答 $x>1$，$y>1$ の辺々を加えると，

$x+y>1+1=2$

$x>1$，$y>1$ の辺々を掛けると，

$xy>1\cdot1=1$

よって，この命題は**真**である。

逆「$x+y>2$ かつ $xy>1 \Longrightarrow x>1$ かつ $y>1$」は，**偽**である。

反例：$x=2$，$y=1$

裏「$x\leqq1$ または $y\leqq1 \Longrightarrow x+y\leqq2$ または $xy\leqq1$」は，その対偶である逆と真偽が一致するから，**偽**である。

反例：$x=2$，$y=1$

対偶「$x+y\leqq2$ または $xy\leqq1 \Longrightarrow x\leqq1$ または $y\leqq1$」は，もとの命題と真偽が一致するから，**真**である。

☐ 3.
教科書
p.117

13個の玉を A，B，C と書かれた3つの箱のどれかに入れるとき，ある箱には玉が5個以上入っていることを証明せよ。

ガイド どの箱にも玉は4個以下しか入っていないと仮定して，矛盾が生じることを示す。

解答 3つの箱すべてに玉が5個以上入っていない，すなわち，3つの箱すべてに玉が4個以下しか入っていないと仮定すると，3つの箱に入っている玉の合計は12個以下となり，13個の玉を入れることに矛盾する。

よって，13個の玉を3つの箱のどれかに入れるとき，ある箱には玉が5個以上入っている。

> どの箱にも玉が4個以下しか入っていないなら，3つの箱には最大12個の玉が入っていることになるね。

━━━━━━━━━━━━━━ B ━━━━━━━━━━━━━━

☐ **4.**
教科書
p.117

　　a, b は正の数，x, y は実数とする。命題

　　　　$ax+by\geqq0 \Longrightarrow x\geqq0$ または $y\geqq0$

について，次の問いに答えよ。

(1) この命題の対偶を述べよ。

(2) この命題の対偶が真であることを証明せよ。

ガイド (1) ド・モルガンの法則を利用する。

(2) a, b が正の数であることから考える。

解答 (1) 条件「$ax+by\geqq0$」の否定は，「$ax+by<0$」である。

　　　また，条件「$x\geqq0$ または $y\geqq0$」の否定は，ド・モルガンの法則により，「$x<0$ かつ $y<0$」である。

　　　よって，この命題の対偶は，

　　　「**$x<0$ かつ $y<0 \Longrightarrow ax+by<0$**」である。

(2) a, b が正の数であるから，

　　　$x<0$ より，　$ax<0$　　　$y<0$ より，　$by<0$

　　　したがって，　$ax+by<0$

　　　よって，対偶「$x<0$ かつ $y<0 \Longrightarrow ax+by<0$」は真である。

☐ **5.**
教科書
p.117

　　3つの整数 a, b, c が $a^2+b^2=c^2$ を満たすとき，a, b, c の少なくとも1つは偶数であることを証明せよ。

ガイド a, b, c がすべて奇数であると仮定して，矛盾を導く。

解答 $a^2+b^2=c^2$ を満たす a, b, c がすべて奇数であると仮定すると，それらはある整数 k, ℓ, m を用いて，$a=2k+1$, $b=2\ell+1$, $c=2m+1$ と表せる。このとき，

$$a^2+b^2=(2k+1)^2+(2\ell+1)^2=4k^2+4k+1+4\ell^2+4\ell+1$$
$$=4k^2+4\ell^2+4k+4\ell+2=2(2k^2+2\ell^2+2k+2\ell+1)$$
$$c^2=(2m+1)^2=4m^2+4m+1=2(2m^2+2m)+1$$

となるが，$2k^2+2\ell^2+2k+2\ell+1$, $2m^2+2m$ は整数であるから，a^2+b^2 は偶数，c^2 は奇数であり，$a^2+b^2=c^2$ を満たすことに矛盾する。よって，a, b, c の少なくとも1つは偶数である。

□ **6.** x は実数，a は正の定数とする。$A=\{x\,|\,|x|<a\}$，$B=\{x\,|\,|x-5|\leqq 2\}$

教科書
p.117 について，次の問いに答えよ。

(1) $B\subset A$ となる a の値の範囲を求めよ。

(2) $A\cap B=\varnothing$ となるとき，a の値の範囲を求めよ。

(3) $A\cap B$ が整数を1つだけ含むとき，a の値の範囲を求めよ。

ガイド まず，集合 A，B を，絶対値記号をはずして数直線上に図示してみる。

解答 $|x|<a$ より，　$-a<x<a$

$|x-5|\leqq 2$ より，　$-2\leqq x-5\leqq 2$，　$3\leqq x\leqq 7$

したがって，$A=\{x\,|-a<x<a\}$，$B=\{x\,|\,3\leqq x\leqq 7\}$ を数直線上に図示すると，下の図のようになる。

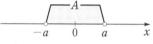

(1) $B\subset A$ のとき，右の図より，

　　$-a<3$ かつ $7<a$

よって，　$\boldsymbol{a>7}$

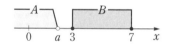

(2) $A\cap B=\varnothing$ のとき，右の図より，

　　$a\leqq 3$

また，a は正の定数であるから，

　　$a>0$

よって，　$\boldsymbol{0<a\leqq 3}$

(3) $A\cap B$ が整数を1つだけ含むとき，右の図より，

　　$3\in A\cap B$，　$4\notin A\cap B$

となればよい。

よって，　$\boldsymbol{3<a\leqq 4}$

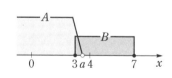

⚠注意 a の値の範囲を求めるとき，等号の有無に気をつける。

端点で等号が成り立つと仮定して，与えられた条件を満たすかどうか確認するといいよ。

思 考 力 を 養 う　正直者は誰か？　　課題学習

☑Q1
教科書
p.118

A，B，C，D は，それぞれ正直者かうそつきのどちらかであるとする。4 人がそれぞれ，

　　　A：C はうそつきだ。
　　　B：D はうそつきだ。
　　　C：うそつきが 2 人以上いる。
　　　D：正直者の人数は奇数だ。

と発言したとき，A，B，C，D それぞれについて，正直者であるかうそつきであるかを考えてみよう。

- -

ガイド　まず，A を正直者だと仮定し，それぞれの発言と照らし合わせて，A が正直者かうそつきか判定してみる。

解答　A を正直者だと仮定すると，C はうそつきであり，C の発言はうそであるから，うそつきは C だけとなる。しかし，その場合，B の発言がうそになってしまい，矛盾が生じる。

　よって，A はうそつき，C は正直者である。

　次に，B を正直者だと仮定すると，D はうそつきであるが，D の発言はうそであるから，正直者が B，C の 2 人であることに矛盾しない。また，正直者である C の正しい発言にも矛盾しない。

　一方，B をうそつきだと仮定すると，D は正直者であるが，その場合，正直者は C，D の 2 人であるから，D の発言がうそとなってしまい，矛盾が生じる。

　以上より，**B，C が正直者**，**A，D がうそつきである**。

☑Q2
教科書
p.118

このような問題を作って出題し合ってみよう。ただし，問題を作るときには，答えが 1 通りに決まるように注意しよう。

解答　(例)　A，B，C は，それぞれ正直者かうそつきのどちらかであるとする。3 人がそれぞれ，

　　　A：B と C の両方が正直者だ。
　　　B：C は正直者だ。
　　　C：正直者は私だけだ。

と発言したとき，A，B，C それぞれについて，正直者であるかうそつきであるかを答えよ。(A，B，C はすべてうそつき)

第3章　集合と命題

第4章　図形と計量

第1節　鋭角の三角比

1　正弦・余弦・正接

☐ **問 1**　次の直角三角形 ABC において，$\sin A$，$\cos A$，$\tan A$ の値を求めよ。

教科書 **p.121**

(1)
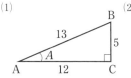

(2)
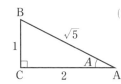

(3)

ガイド　右の直角三角形 ABC において，3辺の**比の**

値 $\dfrac{BC}{AB}$，$\dfrac{AC}{AB}$，$\dfrac{BC}{AC}$ などは，∠A の大きさだけ

によって定まる。∠A の大きさをAで表すとき，

比の値 $\dfrac{BC}{AB}$ をAの**正弦**または**サイン**といい，

$\sin A$ と書く。

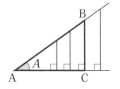

　　比の値 $\dfrac{AC}{AB}$ をAの**余弦**または**コサイン**といい，$\cos A$ と書く。

　　比の値 $\dfrac{BC}{AC}$ をAの**正接**または**タンジェント**といい，$\tan A$ と書く。

ここがポイント ☞ ［直角三角形を用いた三角比の定義］

$$\sin A = \frac{a}{c}, \quad \cos A = \frac{b}{c}, \quad \tan A = \frac{a}{b}$$

$$\left(\frac{対辺}{斜辺}\right) \qquad \left(\frac{底辺}{斜辺}\right) \qquad \left(\frac{対辺}{底辺}\right)$$

$\sin A = \dfrac{BC}{AB}$，$\cos A = \dfrac{AC}{AB}$，$\tan A = \dfrac{BC}{AC}$ である。

解答 (1) $\sin A = \dfrac{5}{13}$, $\cos A = \dfrac{12}{13}$, $\tan A = \dfrac{5}{12}$

(2) $\sin A = \dfrac{1}{\sqrt{5}}$, $\cos A = \dfrac{2}{\sqrt{5}}$, $\tan A = \dfrac{1}{2}$

(3) $\sin A = \dfrac{2}{3}$, $\cos A = \dfrac{\sqrt{5}}{3}$, $\tan A = \dfrac{2}{\sqrt{5}}$

ポイント プラス

次の三角比の値は，よく使われるから，覚えておくとよい。

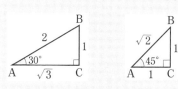 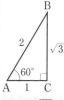

$\sin 30° = \dfrac{1}{2}$　　　　$\sin 45° = \dfrac{1}{\sqrt{2}}$　　　　$\sin 60° = \dfrac{\sqrt{3}}{2}$

$\cos 30° = \dfrac{\sqrt{3}}{2}$　　　　$\cos 45° = \dfrac{1}{\sqrt{2}}$　　　　$\cos 60° = \dfrac{1}{2}$

$\tan 30° = \dfrac{1}{\sqrt{3}}$　　　　$\tan 45° = \dfrac{1}{1} = 1$　　　　$\tan 60° = \dfrac{\sqrt{3}}{1} = \sqrt{3}$

第4章 図形と計量

問2 右の表を用いて，次の値を求めよ。

教科書 **p.122**

(1) $\sin 39°$

(2) $\cos 31°$

(3) $\tan 35°$

ガイド 表から，それぞれの角に対する三角比の値を読み取る。

解答 (1) $\sin 39° = 0.6293$

(2) $\cos 31° = 0.8572$

(3) $\tan 35° = 0.7002$

角	正弦 (sin)	余弦 (cos)	正接 (tan)
⋮	⋮	⋮	⋮
30°	0.5000	0.8660	0.5774
31°	0.5150	0.8572	0.6009
32°	0.5299	0.8480	0.6249
33°	0.5446	0.8387	0.6494
34°	0.5592	0.8290	0.6745
35°	0.5736	0.8192	0.7002
36°	0.5878	0.8090	0.7265
37°	0.6018	0.7986	0.7536
38°	0.6157	0.7880	0.7813
39°	0.6293	0.7771	0.8098
40°	0.6428	0.7660	0.8391
⋮	⋮	⋮	⋮

問3 右の図における ∠A のおよその大きさを，三角比の表を用いて求めよ。

教科書 **p.122**

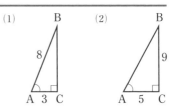

(1) (2)

ガイド 与えられた2辺の比より，A の正弦，余弦，正接のいずれかの値を求め，教科書 p.215 の「三角比の表」から最も近い値を探す。

解答 (1) $\cos A = \dfrac{3}{8} = 0.375$ であるから，三角比の表から余弦が 0.375 に近い値を探すと，0.3746 が見つかる。この値に対する角は 68° であるから，∠A の大きさは，**約68°** である。

(2) $\tan A = \dfrac{9}{5} = 1.8$ であるから，三角比の表から正接が 1.8 に近い値を探すと，1.8040 が見つかる。この値に対する角は 61° であるから，∠A の大きさは，**約61°** である。

問4 右の図において，水平面とのなす角が 10° の斜面 AB をケーブルカーで A から B へ 1000 m 進むとき，水平距離 AC は何 m か。三角比の表を用いて，1 m 未満を四捨五入して求めよ。

教科書 **p.123**

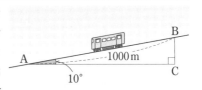

ガイド

ここがポイント 👉

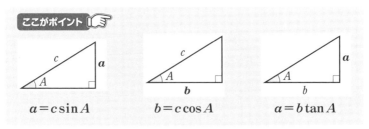

$a = c \sin A$　　　$b = c \cos A$　　　$a = b \tan A$

解答 △ABC は，∠C が直角の直角三角形であるから，
$$AC = AB \cos A = 1000 \cos 10° = 1000 \times 0.9848 = 984.8$$
よって，四捨五入して，AC は **985 m**

問 5
教科書
p.124
ある塔の高さを求めるために，塔の先端の真下から水平に 80 m 離れた地点で塔の先端の仰角を測ると，53° であった。目の高さを 1.5 m とすると，塔の高さは何mになるか。三角比の表を用いて，四捨五入して小数第 1 位まで求めよ。

ガイド 測量などで点Aから点Bを見るとき，視線AB と点Aを通る水平面とのなす角を，点Bが水平面より上にあるならば**仰角**といい，下にあるならば**俯角**という。

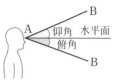

解答 右の図で，△APR は直角三角形である。

PQ＝PR＋RQ＝PR＋1.5
PR＝80 tan 53°＝80×1.3270＝106.16

したがって，

PQ＝106.16＋1.5＝107.66

よって，四捨五入して，PQ は **107.7 m**

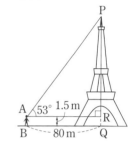

問 6
教科書
p.124
右の図において，高さ 15 m の校舎の屋上の地点Pから運動場の端Aの俯角を測ると，23° であった。校舎から運動場の端までの距離 AQ は何 m になるか。
三角比の表を用いて，四捨五入して小数第 1 位まで求めよ。

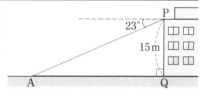

ガイド 水平面から見下ろす角の大きさが 23° である。直角三角形 APQ において，内角の鋭角 ∠APQ に着目すると，底辺 PQ がわかっていて，対辺 AQ の長さを求めることになるから，tan ∠APQ を利用する。

解答 俯角が 23° であるから，

∠APQ＝90°−23°＝67°

したがって，

AQ＝PQ tan ∠APQ＝15 tan 67°
　　＝15×2.3559＝35.3385

よって，四捨五入して，AQ は **35.3 m**

⚠注意 AQ＝PQ tan ∠PAQ＝15 tan 23° としないように。

第4章 図形と計量

2 三角比の相互関係

問 7 A が鋭角で，$\cos A = \dfrac{2}{3}$ のとき，$\sin A$，$\tan A$ の値を求めよ。

教科書 p.126

ガイド

ここがポイント 👉 ［三角比の相互関係］

$$\tan A = \frac{\sin A}{\cos A} \qquad \sin^2 A + \cos^2 A = 1 \qquad 1 + \tan^2 A = \frac{1}{\cos^2 A}$$

$(\sin A)^2$，$(\cos A)^2$，$(\tan A)^2$ は，それぞれ，$\sin^2 A$，$\cos^2 A$，$\tan^2 A$ と書き表すよ。

解答 $\sin^2 A + \cos^2 A = 1$ であるから，$\sin^2 A + \left(\dfrac{2}{3}\right)^2 = 1$

したがって，$\sin^2 A = 1 - \dfrac{4}{9} = \dfrac{5}{9}$

Aが鋭角より，$\sin A > 0$ であるから，$\sin A = \sqrt{\dfrac{5}{9}} = \dfrac{\sqrt{5}}{3}$

また，$\tan A = \dfrac{\sin A}{\cos A} = \dfrac{\sqrt{5}}{3} \div \dfrac{2}{3} = \dfrac{\sqrt{5}}{2}$

よって，$\sin A = \dfrac{\sqrt{5}}{3}$，$\tan A = \dfrac{\sqrt{5}}{2}$

別解 $\cos A = \dfrac{2}{3}$ となる直角三角形 ABC を考えると，

例えば，右の図のようにかける。

三平方の定理により，$BC = \sqrt{3^2 - 2^2} = \sqrt{5}$

よって，$\sin A = \dfrac{\sqrt{5}}{3}$，$\tan A = \dfrac{\sqrt{5}}{2}$

参考 三角比には，$\sin A$，$\cos A$，$\tan A$ の3種類があるが，A が鋭角のとき，1つの値が与えられれば，残りの2つの値を求めることができる。

$1 + \tan^2 A = \dfrac{1}{\cos^2 A}$ から，$\tan A\,(>0)$ を求めて，さらに，$\tan A = \dfrac{\sin A}{\cos A}$ から，$\sin A$ を求めることができるよ。

▢**問8**　A が鋭角で，$\tan A = \dfrac{4}{3}$ のとき，$\cos A$，$\sin A$ の値を求めよ。

教科書
p.126

- -

ガイド　$\tan A$ がわかっているときは，$1 + \tan^2 A = \dfrac{1}{\cos^2 A}$ を用いる。

解答　$1 + \tan^2 A = \dfrac{1}{\cos^2 A}$ であるから，

$$\frac{1}{\cos^2 A} = 1 + \left(\frac{4}{3}\right)^2 = \frac{25}{9}$$

したがって，　$\cos^2 A = \dfrac{9}{25}$

A が鋭角より，$\cos A > 0$ であるから，

$$\cos A = \sqrt{\frac{9}{25}} = \frac{3}{5}$$

$\tan A = \dfrac{\sin A}{\cos A}$ より，

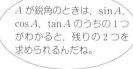

A が鋭角のときは，$\sin A$，$\cos A$，$\tan A$ のうちの1つがわかると，残りの2つを求められるんだね。

$$\sin A = \tan A \times \cos A = \frac{4}{3} \times \frac{3}{5} = \frac{4}{5}$$

よって，　$\cos A = \dfrac{3}{5}$，$\sin A = \dfrac{4}{5}$

別解　$\tan A = \dfrac{4}{3}$ となる直角三角形 ABC を考えると，

例えば，右の図のようにかける。

三平方の定理により，

$$AB = \sqrt{4^2 + 3^2} = \sqrt{25} = 5$$

よって，　$\cos A = \dfrac{3}{5}$，$\sin A = \dfrac{4}{5}$

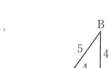

⚠注意　$\tan A = \dfrac{\sin A}{\cos A}$ より，

$$\tan A = \frac{4}{3} \longrightarrow \sin A = 4, \ \cos A = 3$$

としないように。

$$\sin^2 A + \cos^2 A = 1 \ \text{または} \ 1 + \tan^2 A = \frac{1}{\cos^2 A}$$

$$\longrightarrow \tan A = \frac{\sin A}{\cos A}$$

の順で考えていく。

第4章

図形と計量

☑ **問 9**　三角比の表の正弦と余弦の値について，次の関係が成り立っているこ

教科書
p.127　とを確かめよ。

$$\sin(90°-A)=\cos A$$
$$\cos(90°-A)=\sin A$$
$$\tan(90°-A)=\frac{1}{\tan A}$$

ガイド　左下の図から，$\sin(90°-A)=\dfrac{b}{c}$，右下の図から，$\cos A=\dfrac{b}{c}$　で

あるから，$\sin(90°-A)=\cos A$ が成り立つ。上の他の関係式も同様

である。

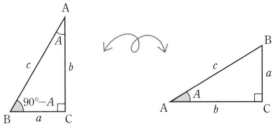

解答　例えば，$\sin(90°-84°)=\sin 6°=0.1045$，$\cos 84°=0.1045$ であるか

ら，$\sin(90°-84°)=\cos 84°$ で，$\sin(90°-A)=\cos A$ が成り立つ。

☑ **問10**　次の三角比を $0°$ から $45°$ までの角の三角比で表せ。

教科書
p.127　(1)　$\sin 61°$　　　　　　(2)　$\cos 83°$　　　　　　(3)　$\tan 54°$

ガイド

ここがポイント 👉 **[$90°-A$ の三角比]**

$$\sin(90°-A)=\cos A$$
$$\cos(90°-A)=\sin A$$
$$\tan(90°-A)=\frac{1}{\tan A}$$

解答　(1)　$61°+29°=90°$ より，　　$\sin 61°=\sin(90°-29°)=\cos 29°$

(2)　$83°+7°=90°$ より，　　$\cos 83°=\cos(90°-7°)=\sin 7°$

(3)　$54°+36°=90°$ より，　　$\tan 54°=\tan(90°-36°)=\dfrac{1}{\tan 36°}$

節末問題

☑ **1**

教科書 **p.128**

右の図のような ∠C=90° の直角三角形
ABC の辺 AC 上に点Dをとる。

$\tan\angle BAC=\dfrac{1}{3}$, $\tan\angle BDC=\dfrac{3}{4}$, AD=5

のとき，辺 BC の長さを求めよ。

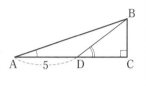

ガイド 辺 BC の長さを x として，与えられた正接の値から，AC, DC を x で表す。これと，AD=AC−DC=5 という関係より，x を求めることができる。

解答 辺 BC の長さを x とする。

$\tan\angle BAC=\dfrac{x}{AC}=\dfrac{1}{3}$ より，　　AC=$3x$

$\tan\angle BDC=\dfrac{x}{DC}=\dfrac{3}{4}$ より，　　DC=$\dfrac{4}{3}x$

また，AD=AC−DC=5 であるから，

$$3x-\frac{4}{3}x=5,\qquad \frac{5}{3}x=5,\qquad x=3$$

よって，辺 BC の長さは **3** である。

> 直角三角形 ABC,
> DBC に着目しよう。

☑ **2**

教科書 **p.128**

右の図のような斜めに傾いた塔がある。
この斜塔の長さ AB と高さ BC を測ると，

AB=58.4 m，BC=58.2 m

であった。

このとき，三角比の表を用いて ∠BAC
のおよその大きさを求めよ。

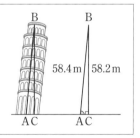

ガイド ∠BAC を含む △ABC は直角三角形で，$\sin\angle BAC=\dfrac{BC}{AB}$ である。

解答 $\sin\angle BAC=\dfrac{BC}{AB}=\dfrac{58.2}{58.4}=0.9965\cdots\cdots$ であるから，三角比の表から正弦がこの値に近い値を探すと，0.9962 が見つかる。この値に対する角は 85° であるから，∠BAC の大きさは，**約85°** である。

第4章

図形と計量

3
教科書
p.128

右の図のような ∠C＝90° の直角三角形 ABC において，頂点Cから辺 AB に垂線 CD を下ろす。

AB＝c，∠BAC＝A とおくとき，次の線分の長さをcとAを用いて表せ。

(1)　BC　　　(2)　CD　　　(3)　BD

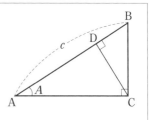

ガイド (2)，(3)　$90°-A$ の三角比の式を用いる。

解答 (1)　直角三角形 ABC において，　　$BC=AB\sin\angle BAC=\boldsymbol{c}\sin A$

(2)　$\angle BAC+\angle ABC=90°$，$\angle BCD+\angle ABC=90°$ より，

$$\angle BCD=\angle BAC=A$$

よって，　　$CD=BC\cos\angle BCD=\boldsymbol{c}\sin A\cos A$

(3)　$BD=BC\sin\angle BCD=c\sin A\sin A=\boldsymbol{c}\sin^2 A$

4
教科書
p.128

$\triangle ABC$ の ∠A，∠B，∠C の大きさを，それぞれ A，B，C とする。このとき，次の等式が成り立つことを証明せよ。

(1)　$\cos\dfrac{A+B}{2}=\sin\dfrac{C}{2}$　　　　　　(2)　$\tan\dfrac{A+B}{2}\tan\dfrac{C}{2}=1$

ガイド $A+B=180°-C$ の関係を用いる。

解答 三角形の内角の和は $180°$ であるから，$A+B+C=180°$ より，

$$A+B=180°-C,\quad \frac{A+B}{2}=\frac{180°-C}{2}=90°-\frac{C}{2}\quad\cdots\cdots①$$

(1)　①より，　　$\cos\dfrac{A+B}{2}=\cos\left(90°-\dfrac{C}{2}\right)=\sin\dfrac{C}{2}$

よって，等式は成り立つ。

(2)　①より，　　$\tan\dfrac{A+B}{2}\tan\dfrac{C}{2}=\tan\left(90°-\dfrac{C}{2}\right)\cdot\tan\dfrac{C}{2}$

$$=\frac{1}{\tan\dfrac{C}{2}}\cdot\tan\dfrac{C}{2}=1$$

よって，等式は成り立つ。

第2節 三角比の拡張

1 $0° \leqq \theta \leqq 180°$ の範囲にある角 θ の三角比

☐ **問11** 次の表を完成させよ。

教科書
p. 130

ガイド

ここがポイント 👉 ［座標を用いた三角比の定義］

$$\sin\theta = \frac{y}{r} \quad \cos\theta = \frac{x}{r} \quad \tan\theta = \frac{y}{x}$$

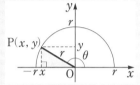

解答

θ	0°	30°	45°	60°	90°	120°	135°	150°	180°
$\sin\theta$	0	$\dfrac{1}{2}$	$\dfrac{1}{\sqrt{2}}$	$\dfrac{\sqrt{3}}{2}$	1	$\dfrac{\sqrt{3}}{2}$	$\dfrac{1}{\sqrt{2}}$	$\dfrac{1}{2}$	0
$\cos\theta$	1	$\dfrac{\sqrt{3}}{2}$	$\dfrac{1}{\sqrt{2}}$	$\dfrac{1}{2}$	0	$-\dfrac{1}{2}$	$-\dfrac{1}{\sqrt{2}}$	$-\dfrac{\sqrt{3}}{2}$	-1
$\tan\theta$	0	$\dfrac{1}{\sqrt{3}}$	1	$\sqrt{3}$		$-\sqrt{3}$	-1	$-\dfrac{1}{\sqrt{3}}$	0

ポイント プラス 👉

　半円と座標を用いた三角比の定義において，$r=1$ とすると，

$$\sin\theta = y, \quad \cos\theta = x$$

　すなわち，頂点Oを中心とする半径1の半円上の点Pの座標は，$(\cos\theta, \sin\theta)$ と表される。

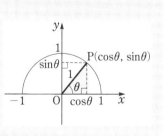

　$0° \leqq \theta \leqq 180°$ のとき，

$$0 \leqq \sin\theta \leqq 1, \quad -1 \leqq \cos\theta \leqq 1$$

が成り立つ。

ポイント プラス

　直線 OP と直線 $x=1$ との交点を T$(1, m)$ とすると,

$$\tan\theta=\frac{y}{x}=\frac{m}{1}=m$$

すなわち,

$$\boldsymbol{\tan\theta=m}$$

が成り立つ。

　$0°\leqq\theta\leqq180°$, $\theta\neq90°$ のとき,

$\tan\theta$ はすべての実数値をとる。

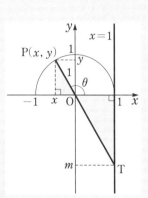

θ	$0°$	$0°<\theta<90°$	$90°$	$90°<\theta<180°$	$180°$
$\sin\theta$	0	+	1	+	0
$\cos\theta$	1	+	0	−	−1
$\tan\theta$	0	+	/	−	0

問12 三角比の表を用いて,次の三角比の値を求めよ。

教科書 **p.132**

(1)　$\sin160°$ 　　　　(2)　$\cos94°$ 　　　　(3)　$\tan175°$

ガイド

ここがポイント 　[$180°-\theta$ の三角比]

$$\boldsymbol{\sin(180°-\theta)=\sin\theta}$$
$$\boldsymbol{\cos(180°-\theta)=-\cos\theta}$$
$$\boldsymbol{\tan(180°-\theta)=-\tan\theta}$$

解答

(1)　$\sin160°=\sin(180°-20°)=\sin20°=\boldsymbol{0.3420}$

(2)　$\cos94°=\cos(180°-86°)=-\cos86°=\boldsymbol{-0.0698}$

(3)　$\tan175°=\tan(180°-5°)=-\tan5°=\boldsymbol{-0.0875}$

鋭角の三角比で表せば,
三角比の表を使うことができるよ。

2 三角比の相互関係

□ **問13** $0°\leqq\theta\leqq180°$ とする。次のように角 θ の三角比の値が1つ与えられたとき，他の2つの三角比の値を求めよ。

(1) $\sin\theta=\dfrac{1}{\sqrt{5}}$ 　　　(2) $\cos\theta=-\dfrac{2}{7}$ 　　　(3) $\tan\theta=-3$

ガイド

ここがポイント ☞ ［三角比の相互関係］

$$\tan\theta=\frac{\sin\theta}{\cos\theta}\qquad \sin^2\theta+\cos^2\theta=1\qquad 1+\tan^2\theta=\frac{1}{\cos^2\theta}$$

(1) $0°\leqq\theta\leqq90°$ のときと $90°<\theta\leqq180°$ のときで場合分けをする。

(2) $0°\leqq\theta\leqq180°$ であるから，まず，$\sin\theta\ (>0)$ から求めるとよい。

(3) $0°\leqq\theta\leqq180°$，$\tan\theta<0$ より，θ は鈍角である。

解答　(1) $\sin^2\theta+\cos^2\theta=1$ であるから，　$\cos^2\theta=1-\left(\dfrac{1}{\sqrt{5}}\right)^2=\dfrac{4}{5}$

(ⅰ) $0°\leqq\theta\leqq90°$ のとき，$\cos\theta\geqq0$ であるから，

$\cos\theta=\sqrt{\dfrac{4}{5}}=\dfrac{2}{\sqrt{5}}$,　$\tan\theta=\dfrac{\sin\theta}{\cos\theta}=\dfrac{1}{\sqrt{5}}\div\dfrac{2}{\sqrt{5}}=\dfrac{1}{2}$

(ⅱ) $90°<\theta\leqq180°$ のとき，$\cos\theta<0$ であるから，

$\cos\theta=-\sqrt{\dfrac{4}{5}}=-\dfrac{2}{\sqrt{5}}$

$\tan\theta=\dfrac{\sin\theta}{\cos\theta}=\dfrac{1}{\sqrt{5}}\div\left(-\dfrac{2}{\sqrt{5}}\right)=-\dfrac{1}{2}$

よって，　$\boldsymbol{\cos\theta=\dfrac{2}{\sqrt{5}}}$,　$\boldsymbol{\tan\theta=\dfrac{1}{2}}$

または， $\boldsymbol{\cos\theta=-\dfrac{2}{\sqrt{5}}}$,　$\boldsymbol{\tan\theta=-\dfrac{1}{2}}$

(2) $\sin^2\theta+\cos^2\theta=1$ であるから，　$\sin^2\theta=1-\left(-\dfrac{2}{7}\right)^2=\dfrac{45}{49}$

$0°\leqq\theta\leqq180°$ のとき，$\sin\theta\geqq0$ であるから，

$\sin\theta=\sqrt{\dfrac{45}{49}}=\dfrac{3\sqrt{5}}{7}$

また，　$\tan\theta=\dfrac{\sin\theta}{\cos\theta}=\dfrac{3\sqrt{5}}{7}\div\left(-\dfrac{2}{7}\right)=-\dfrac{3\sqrt{5}}{2}$

よって，　$\boldsymbol{\sin\theta=\dfrac{3\sqrt{5}}{7}}$,　$\boldsymbol{\tan\theta=-\dfrac{3\sqrt{5}}{2}}$

(3) $1+\tan^2\theta=\dfrac{1}{\cos^2\theta}$ であるから， $\dfrac{1}{\cos^2\theta}=1+(-3)^2=10$

したがって， $\cos^2\theta=\dfrac{1}{10}$

$\tan\theta<0$ より， $90°<\theta<180°$ である。

このとき，$\cos\theta<0$ であるから， $\cos\theta=-\sqrt{\dfrac{1}{10}}=-\dfrac{1}{\sqrt{10}}$

$\tan\theta=\dfrac{\sin\theta}{\cos\theta}$ より，

$$\sin\theta=\tan\theta\times\cos\theta=(-3)\times\left(-\dfrac{1}{\sqrt{10}}\right)=\dfrac{3}{\sqrt{10}}$$

よって， $\cos\theta=-\dfrac{1}{\sqrt{10}}$， $\sin\theta=\dfrac{3}{\sqrt{10}}$

問14 $0°\leqq\theta\leqq180°$ のとき，次の等式を満たす θ を求めよ。

教科書 **p.134**　(1) $\sin\theta=\dfrac{1}{\sqrt{2}}$　　　　(2) $2\sin\theta=\sqrt{3}$

(3) $\cos\theta=-\dfrac{1}{2}$　　　　(4) $2\cos\theta+\sqrt{3}=0$

(5) $\sin\theta=0$　　　　(6) $\cos\theta=-1$

ガイド 座標平面上で，原点Oを中心とする半径1の半円上に点Pをとると，その座標は $(\cos\theta,\ \sin\theta)$ となる。

$\sin\theta$ が与えられているときは，y 座標がその値となるように，点 P($\theta=\theta_1$)，P$'$($\theta=\theta_2$) を定めればよい。

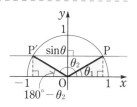

解答 (1) 半径1の半円上で y 座標が $\dfrac{1}{\sqrt{2}}$

となるのは，右の図の2点 P, P$'$ である。

求める θ は，

∠AOP と ∠AOP$'$

であるから， $\theta=45°$，$135°$

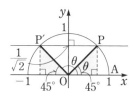

(2) $2\sin\theta=\sqrt{3}$ より,

$$\sin\theta=\frac{\sqrt{3}}{2}$$

半径 1 の半円上で y 座標が $\dfrac{\sqrt{3}}{2}$

となるのは, 右の図の 2 点 P, P′ で

ある。

　　求める θ は,

　　　　$\angle$AOP と $\angle$AOP′

であるから, 　$\boldsymbol{\theta=60°, 120°}$

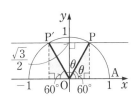

⚠️注意 第 2 象限の点 P′ を忘れないように。

(3) 半径 1 の半円上で x 座標が $-\dfrac{1}{2}$

となるのは, 右の図の点 P である。

　　求める θ は,

　　　　$\angle$AOP

であるから, 　$\boldsymbol{\theta=120°}$

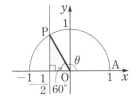

$0°\leqq\theta\leqq180°$ では,
$\sin\theta=a\ (a\neq1)$ を満たす θ は 2 個,
$\cos\theta=b$ を満たす θ は 1 個だよ。

(4) $2\cos\theta+\sqrt{3}=0$ より,

$$\cos\theta=-\frac{\sqrt{3}}{2}$$

半径 1 の半円上で x 座標が $-\dfrac{\sqrt{3}}{2}$

となるのは, 右の図の点 P である。

　　求める θ は,

　　　　$\angle$AOP

であるから, 　$\boldsymbol{\theta=150°}$

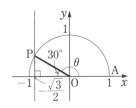

第 4 章

図形と計量

(5) 半径1の半円上でy座標が0となる
のは，右の図の2点P，P′である。

　　求めるθは，

　　　　$\angle$AOP と $\angle$AOP′

であるから，　　$\theta=0°，180°$

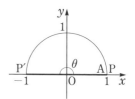

(6) 半径1の半円上でx座標が-1とな
るのは，右の図の点Pである。

　　求めるθは，

　　　　$\angle$AOP

であるから，　　$\theta=180°$

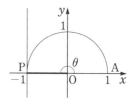

問15 $0°\leqq\theta\leqq180°$ のとき，次の等式を満たすθを求めよ。

教科書 **p.135**　(1) $\tan\theta=1$　　　　　　　(2) $\sqrt{3}\tan\theta=-1$

- -

ガイド $\tan\theta$ が与えられているときは，直線OPと直線 $x=1$ の交点が
T$(1,\ \tan\theta)$ となるように，点Pを定めればよい。

解答 (1) 半径1の半円上の点Pで，
直線OPと直線 $x=1$ の交
点が T$(1,\ 1)$ となるのは，
右の図の点Pである。

　　求めるθは，

　　　　$\angle$AOP

であるから，　　$\theta=45°$

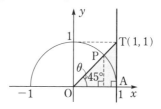

(2) $\tan\theta=-\dfrac{1}{\sqrt{3}}$

半径1の半円上の点Pで，
直線OPと直線 $x=1$ との

交点が T$\left(1,\ -\dfrac{1}{\sqrt{3}}\right)$ となる

のは，右の図の点Pである。

　　求めるθは，

　　　　$\angle$AOP

であるから，　　$\theta=150°$

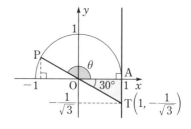

☐ **問16** x 軸の正の向きとのなす角が $60°$ である直線の傾き m を求めよ。

教科書
p.136

ガイド

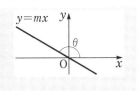

ここがポイント 👉

直線 $y=mx$ と x 軸の正の向きとの
なす角を θ とすると,
$$m=\tan\theta$$

直線 $y=mx$ と x 軸の正の向きとのなす角は, x 軸の正の部分から,
時計の針の回転と逆の向きに直線 $y=mx$ まで測った角である。

解答 $m=\tan 60°=\sqrt{3}$

☐ **問17** 次の直線と x 軸の正の向きとのなす角 θ を求めよ。

教科書
p.136
  (1) $y=\sqrt{3}\,x$ (2) $y=-x$

ガイド 直線 $y=mx$ と x 軸の正の向きとのなす角
を θ とすると, 次の式が成り立つ。
$$m=\tan\theta$$

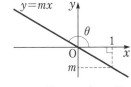

解答 (1) 直線 $y=\sqrt{3}\,x$ と x 軸の正の向きと
のなす角 θ は,
$$\tan\theta=\sqrt{3}$$
を満たす。
よって, $\theta=60°$

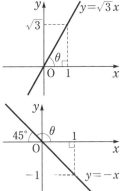

  (2) 直線 $y=-x$ と x 軸の正の向きと
のなす角 θ は,
$$\tan\theta=-1$$
を満たす。
よって, $\theta=135°$

節 末 問 題

☑ **1**

教科書
p.136

$0° < \theta < 180°$，$\theta \neq 90°$ とするとき，次の条件を満たす θ は鋭角，鈍角のどちらか。

(1)　$\cos\theta < 0$　　　　　　　　(2)　$\tan\theta > 0$

ガイド　鋭角と鈍角での三角比の符号を，半円と座標を用いた定義から考える。

解答　(1)　右の図より，点Pの x 座標が
　　　　　　負であるから，θ は**鈍角**である。
　　　　(2)　右の図より，θ は**鋭角**である。

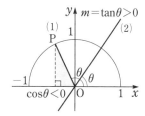

☑ **2**

教科書
p.136

$90° \leqq \theta \leqq 180°$ で，$\sin\theta = \dfrac{2}{3}$ のとき，次の値を求めよ。

(1)　$\cos\theta$　　　　　(2)　$\cos(180° - \theta)$　　　(3)　$\tan(180° - \theta)$

ガイド　三角比の相互関係の式を用いる。

　$90° \leqq \theta \leqq 180°$ より，$\cos\theta \leqq 0$，$\tan\theta \leqq 0$ である。

解答　(1)　$\sin^2\theta + \cos^2\theta = 1$ であるから，

$$\cos^2\theta = 1 - \left(\frac{2}{3}\right)^2 = \frac{5}{9}$$

　　　　$90° \leqq \theta \leqq 180°$ のとき，$\cos\theta \leqq 0$ であるから，

$$\cos\theta = -\sqrt{\frac{5}{9}} = -\frac{\sqrt{5}}{3}$$

　　　(2)　$\cos(180° - \theta) = -\cos\theta$ であるから，

$$\cos(180° - \theta) = \frac{\sqrt{5}}{3}$$

(3)　$\tan\theta=\dfrac{\sin\theta}{\cos\theta}=\dfrac{2}{3}\div\left(-\dfrac{\sqrt{5}}{3}\right)=-\dfrac{2}{\sqrt{5}}$

　　　$\tan(180^\circ-\theta)=-\tan\theta$ であるから，

　　　　　$\tan(180^\circ-\theta)=\dfrac{2}{\sqrt{5}}$

参考　$\cos^2\theta=\dfrac{5}{9}$ から，$1+\tan^2\theta=\dfrac{1}{\cos^2\theta}$ を用いて，$\tan\theta$ の値を求めて

もよい。

□ 3　$0^\circ\leqq\theta\leqq180^\circ$ のとき，次の等式を満たす θ を求めよ。

教科書 **p.136**
(1)　$\tan\theta+1=0$　　(2)　$4\cos^2\theta-3=0$　　(3)　$\sin^2\theta-\dfrac{1}{2}=0$

ガイド　座標平面上で，原点Oを中心とする半径1の半円をかいて考える。

解答　(1)　$\tan\theta+1=0$ より，

　　　　　$\tan\theta=-1$

　　　半径1の半円上の点Pで，

　　　直線 OP と直線 $x=1$ の交

　　　点が $T(1,\ -1)$ となるのは，

　　　右の図の点Pである。

　　　　求める θ は，$\angle AOP$

　　　であるから，　　$\theta=135^\circ$

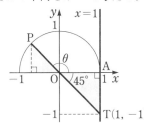

(2)　$4\cos^2\theta-3=0$ より，

　　　　$\cos^2\theta=\dfrac{3}{4},\qquad \cos\theta=\pm\dfrac{\sqrt{3}}{2}$

　　　半径1の半円上で x 座標が $\dfrac{\sqrt{3}}{2}$，

　　　$-\dfrac{\sqrt{3}}{2}$ となるのは，それぞれ右の図

　　　の点 P，P′ である。

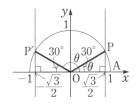

　　　求める θ は，$\angle AOP$ と $\angle AOP'$ であるから，

　　　　　$\theta=30^\circ,\ 150^\circ$

第4章　図形と計量

(3) $\sin^2\theta - \dfrac{1}{2} = 0$ より,

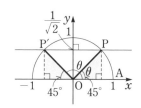

$$\sin^2\theta = \dfrac{1}{2}, \qquad \sin\theta = \pm\dfrac{1}{\sqrt{2}}$$

$0° \leqq \theta \leqq 180°$ のとき, $0 \leqq \sin\theta \leqq 1$

であるから,

$$\sin\theta = \dfrac{1}{\sqrt{2}}$$

半径 1 の半円上で y 座標が $\dfrac{1}{\sqrt{2}}$ となるのは, 上の図の点 P,

P′ である。

求める θ は, $\angle\text{AOP}$ と $\angle\text{AOP}′$ であるから,

$$\boldsymbol{\theta = 45°, \ 135°}$$

☑ 4

教科書 **p.136**

2 直線 $y = x$, $y = -\sqrt{3}\,x$ のなす鋭角 θ を求めよ。

ガイド 2 直線 $y = x$, $y = -\sqrt{3}\,x$ と x 軸の正の向きとのなす角を, それぞれ θ_1, θ_2 とすると, 求める角は, $\theta = \theta_2 - \theta_1$ である。

解答 直線 $y = x$ と x 軸の正の向きとのなす角を θ_1 とすると, $\tan\theta_1 = 1$ を満たすことより, $\theta_1 = 45°$

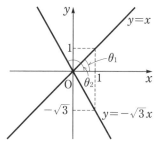

直線 $y = -\sqrt{3}\,x$ と x 軸の正の向きとのなす角を θ_2 とすると, $\tan\theta_2 = -\sqrt{3}$ を満たすことより, $\theta_2 = 120°$

よって,

$$\theta = \theta_2 - \theta_1 = 120° - 45° = \boldsymbol{75°}$$

第3節 正弦定理と余弦定理

1 正弦定理

問18 円Oに内接する四角形 ABCD は,
向かい合う内角の和について,

$$\angle A + \angle C = 180°$$

であることを証明せよ。

教科書
p.137

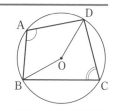

ガイド △ABC の3つの頂点を通る円を, △ABC の**外接円**という。このとき, △ABC はその円に**内接する**という。

円周角の定理から, 円周角や中心角には次のような性質がある。ただし, 点Oは円の中心である。

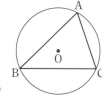

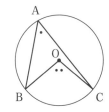 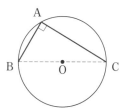 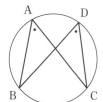

・$\angle BAC = \dfrac{1}{2}\angle BOC$　・辺 BC が外接円の　・$\angle BAC = \angle BDC$
　　　　　　　　　　　直径のとき,
　　　　　　　　　　　$\angle BAC = 90°$

解答 右の図のように半径 OB, OD のなす角の大きさを x, y とすると, 円周角の定理により,

$$\angle A = \frac{1}{2}x, \quad \angle C = \frac{1}{2}y \text{ である。}$$

ここで, $x + y = 360°$ より,

$$\angle A + \angle C = \frac{1}{2}(x+y) = \frac{1}{2} \times 360° = 180°$$

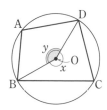

第4章 図形と計量

☑ **問19** △ABCにおいて，A が鈍角のときも，

教科書 **p.138** その外接円の半径をRとして，等式

$$a=2R\sin A \quad \cdots\cdots①$$

が成り立つことを示せ。

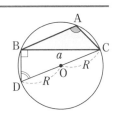

ガイド 円に内接する四角形の向かい合う内角の和が $180°$ であることを利用する。

解答 点Cを通る直径を CD とすると， $\angle CBD=90°$

また，四角形 ABDC は円に内接するから， $\angle BDC=180°-A$

よって，直角三角形 DBC において，

$$a=2R\sin\angle BDC=2R\sin(180°-A)=2R\sin A$$

であるから，①は成り立つ。

☑ **問20** △ABC において，$B=30°$，$b=\sqrt{5}$ のとき，外接円の半径Rを求めよ。

教科書 **p.139**

ガイド 正弦定理を用いる。

ここがポイント 👉 [正弦定理]

　　△ABC の外接円の半径をRとすると，

$$\frac{a}{\sin A}=\frac{b}{\sin B}=\frac{c}{\sin C}=2R$$

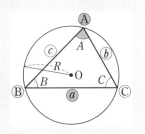

解答 正弦定理により， $2R=\dfrac{\sqrt{5}}{\sin 30°}$

よって，

$$R=\frac{\sqrt{5}}{2\sin 30°}=\sqrt{5}\div\left(2\times\frac{1}{2}\right)=\sqrt{5}$$

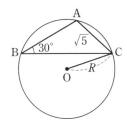

□ **問21** △ABC において，$c=2$，外接円の半径Rが$\sqrt{2}$ のとき，C を求めよ。

教科書
p.139

ガイド 正弦定理を用いる。　$\dfrac{c}{\sin C}=2R$

解答 正弦定理により，　$\dfrac{2}{\sin C}=2\times\sqrt{2}$

　　　　よって，　$\sin C=\dfrac{2}{2\sqrt{2}}=\dfrac{1}{\sqrt{2}}$

　　　　$0°<C<180°$ より，　$\boldsymbol{C=45°, 135°}$

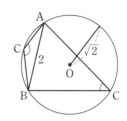

□ **問22** △ABC において，次のものを求めよ。

教科書
p.139
　(1)　$A=135°$，$B=15°$，$c=4$ のとき，a

　(2)　$A=120°$，$a=\sqrt{6}$，$b=2$ のとき，B

ガイド 三角形の 2 組の向かい合う辺と角のうち，
　　　3 つがわかっているときは，正弦定理を利
　　　用して残りの 1 つを求めることができる。

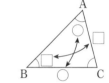

解答 (1)　$C=180°-(135°+15°)=30°$ であるから，

　　　　　正弦定理により，　$\dfrac{a}{\sin 135°}=\dfrac{4}{\sin 30°}$

　　　　　よって，　$\boldsymbol{a}=\dfrac{4\sin 135°}{\sin 30°}=4\times\dfrac{1}{\sqrt{2}}\div\dfrac{1}{2}=\boldsymbol{4\sqrt{2}}$

　　　(2)　正弦定理により，　$\dfrac{\sqrt{6}}{\sin 120°}=\dfrac{2}{\sin B}$

　　　　　よって，　$\sin B=\dfrac{2\sin 120°}{\sqrt{6}}=2\times\dfrac{\sqrt{3}}{2}\div\sqrt{6}=\dfrac{1}{\sqrt{2}}$

　　　　　$A+B+C=180°$，$A=120°$ より，　$B+C=60°$

　　　　　したがって，$0°<B<60°$ であるから，　$\boldsymbol{B=45°}$

⚠**注意** (2)　$\sin B=\dfrac{1}{\sqrt{2}}$ より，$B=45°, 135°$ としないように。

2 余弦定理

□ **問23** △ABC において，A が鈍角のときも，等式

教科書
p.141

$$a^2=b^2+c^2-2bc\cos A \quad \cdots\cdots ①$$

が成り立つことを示せ。

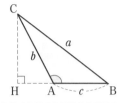

ガイド

ここがポイント [余弦定理]

$$a^2=b^2+c^2-2bc\cos A$$
$$b^2=c^2+a^2-2ca\cos B$$
$$c^2=a^2+b^2-2ab\cos C$$

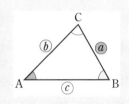

解答 問題の図のように，△ABC の頂点 C から直線 AB に垂線 CH を下ろすと，

$$CH=b\sin(180°-A)=b\sin A$$
$$AH=b\cos(180°-A)=-b\cos A \quad より，$$
$$BH=AB+AH=c-b\cos A$$

また，直角三角形 BCH において三平方の定理により，

$$BC^2=CH^2+BH^2$$

よって，

$$a^2=(b\sin A)^2+(c-b\cos A)^2$$
$$=b^2\sin^2 A+c^2-2bc\cos A+b^2\cos^2 A$$
$$=b^2(\sin^2 A+\cos^2 A)+c^2-2bc\cos A$$
$$=b^2+c^2-2bc\cos A$$

であるから，①は成り立つ。

参考 次の関係式を第1余弦定理ということがある。

$$a=b\cos C+c\cos B$$
$$b=c\cos A+a\cos C$$
$$c=a\cos B+b\cos A$$

これに対して，ここがポイント の
余弦定理を第2余弦定理という。

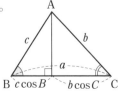

✓ **問24** △ABC において，$a=15$，$c=7$，$B=60°$ のとき，b を求めよ。

教科書
p.142

ガイド　余弦定理を用いる。

解答　余弦定理により，

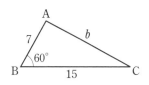

$$b^2=7^2+15^2-2\cdot7\cdot15\cdot\cos60°$$

$$=49+225-2\cdot7\cdot15\cdot\frac{1}{2}$$

$$=169$$

$b>0$ より，　$b=13$

✓ **問25** △ABC において，$a=\sqrt{19}$，$b=2$，$A=120°$ のとき，c を求めよ。

教科書
p.142

ガイド　余弦定理を用いて，c についての 2 次方程式を作る。

解答　余弦定理により，

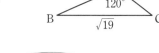

$$(\sqrt{19})^2=2^2+c^2-2\cdot2\cdot c\cdot\cos120°$$

$$19=4+c^2-2\cdot2\cdot c\cdot\left(-\frac{1}{2}\right)$$

$$c^2+2c-15=0$$

$$(c-3)(c+5)=0$$

$c>0$ より，　$c=3$

図をかくと，
式を立てるときに
間違いが防げるよ。

✓ **問26** 次の △ABC において，A を求めよ。

教科書
p.143

(1)　$a=7$，$b=2$，$c=5\sqrt{3}$　　　　　(2)　$a=5$，$b=1$，$c=3\sqrt{2}$

ガイド

ここがポイント 👉

$$\cos A=\frac{b^2+c^2-a^2}{2bc}\quad\cos B=\frac{c^2+a^2-b^2}{2ca}\quad\cos C=\frac{a^2+b^2-c^2}{2ab}$$

解答　(1)　余弦定理により，

$$\cos A=\frac{2^2+(5\sqrt{3})^2-7^2}{2\cdot2\cdot5\sqrt{3}}=\frac{30}{2\cdot2\cdot5\sqrt{3}}=\frac{\sqrt{3}}{2}$$

よって，　$A=30°$

(2) 余弦定理により，

$$\cos A = \frac{1^2 + (3\sqrt{2})^2 - 5^2}{2 \cdot 1 \cdot 3\sqrt{2}} = \frac{-6}{2 \cdot 1 \cdot 3\sqrt{2}} = -\frac{1}{\sqrt{2}}$$

よって，$A = 135°$

 余弦定理を用いて辺の長さを求めるときは，$a^2 = \cdots\cdots$ の形の式，角の大きさを求めるときは，$\cos A = \cdots\cdots$ の形の式を使うとよい。

問27 次の △ABC において，A は鋭角，直角，鈍角のうちどれであるか。

教科書
p.143

(1) $a = 4$，$b = 3$，$c = 2$ (2) $a = 6$，$b = 5$，$c = 4$

ガイド

ここがポイント 👉

A が鋭角 $(\cos A > 0) \iff b^2 + c^2 > a^2$
A が直角 $(\cos A = 0) \iff b^2 + c^2 = a^2$
A が鈍角 $(\cos A < 0) \iff b^2 + c^2 < a^2$

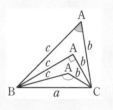

与えられた辺の長さから，$b^2 + c^2$ と a^2 の大小関係を調べ，判定する。

解答 (1) $b^2 + c^2 = 3^2 + 2^2 = 13$，$a^2 = 4^2 = 16$
　　よって，$b^2 + c^2 < a^2$ が成り立つから，A は**鈍角**である。

(2) $b^2 + c^2 = 5^2 + 4^2 = 41$，$a^2 = 6^2 = 36$
　　よって，$b^2 + c^2 > a^2$ が成り立つから，A は**鋭角**である。

参考 △ABC において，A が鋭角，直角，鈍角であるとき，それぞれ，

$\cos A > 0$，$\cos A = 0$，$\cos A < 0$

また，余弦定理により，$\cos A = \dfrac{b^2 + c^2 - a^2}{2bc}$

b，c は辺の長さであるから，$b > 0$，$c > 0$

よって，$2bc > 0$

これらを考慮すると，**ここがポイント** 👉 の判定基準が得られる。

☑ **問28**　△ABC において，$a=4$，$b=8$，$c=9$ のとき，△ABC は鋭角三角形，

教科書
p.144　直角三角形，鈍角三角形のうちどれであるか。

ガイド　例えば，△ABC において，$b<a \iff B<A$ のように，**辺の大小**
関係と，その向かい合う角の大小関係は一致する。

> **ここがポイント** 👉
>
> 　　△ABC において，
> 　　　　a が最大の辺 $\iff$ A が最大の角
>
>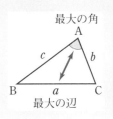
>
> 　　　　　　　　　　最大の角　A
> 　　　　　　　　　　c　／|＼b
> 　　　　　　　　B ───── C
> 　　　　　　　　　　　a
> 　　　　　　　　　　最大の辺

解答　c が最大の辺になるから，C が最大の角になる。
　　　　　$a^2+b^2=4^2+8^2=80$，　　$c^2=9^2=81$
より，$a^2+b^2<c^2$ が成り立つから，C は鈍角である。
　　　　よって，△ABC は**鈍角三角形**である。

参考　**ガイド** の事柄は，次のように説明できる。
　　△ABC において，$a^2=b^2+c^2-2bc\cos A$　　　　　　……①
　　　　　　　　　　　$b^2=c^2+a^2-2ca\cos B$　　　　　　……②
　①×a－②×b より，
　　　$a^3-b^3=a(b^2+c^2-2bc\cos A)-b(c^2+a^2-2ca\cos B)$
　これを整理すると，
　　　$(a-b)(a+b+c)(a+b-c)=2abc(\cos B-\cos A)$　　　……③
　a，b，c は辺の長さであるから，
　　　$a>0$，$b>0$，$c>0$　　　また，　$a+b+c>0$　　　……④
　三角形の1辺の長さは，他の2辺の長さの和より小さいから，
　　　$c<a+b$　　すなわち，　$a+b-c>0$　　　　　　……⑤
　③～⑤より，$a-b$ の値の符号と $\cos B-\cos A$ の値の符号は一致す
る。また，$0°\leqq\theta\leqq180°$ において，$\cos\theta$ の値は θ が大きいほど小さく
なることを考慮すると，
　　　$b<a$ のとき，$\cos B>\cos A$ より，　$B<A$
　　　$B<A$ のとき，$\cos B>\cos A$ より，　$b<a$
となる。

第4章　図形と計量

3 正弦定理と余弦定理の応用

□ **問29** △ABC において，$b=2$，$c=\sqrt{3}+1$，$A=60°$ のとき，残りの辺の長
教科書
p.145 さと角の大きさを求めよ。

ガイド 2辺の長さとその間の角の大きさがわかれば，余弦定理によって残
りの辺の長さを求めることができる。

解答 余弦定理により，

$$a^2=2^2+(\sqrt{3}+1)^2-2\cdot2\cdot(\sqrt{3}+1)\cdot\cos60°$$

$$=4+(4+2\sqrt{3})-2\cdot2\cdot(\sqrt{3}+1)\cdot\frac{1}{2}=6$$

$a>0$ より，　$a=\sqrt{6}$

また，余弦定理により，

$$\cos B=\frac{(\sqrt{3}+1)^2+(\sqrt{6})^2-2^2}{2\cdot(\sqrt{3}+1)\cdot\sqrt{6}}$$

$$=\frac{2\sqrt{3}(\sqrt{3}+1)}{2\sqrt{6}(\sqrt{3}+1)}=\frac{1}{\sqrt{2}}$$

したがって，　$B=45°$

このとき，　$C=180°-(A+B)=180°-(60°+45°)=75°$

よって，　$\boldsymbol{a=\sqrt{6}}$，$\boldsymbol{B=45°}$，$\boldsymbol{C=75°}$

参考 a の値を求めてから，正弦定理により，B，C の値を考えてもよい。

別解 正弦定理により，

$$\frac{\sqrt{6}}{\sin60°}=\frac{2}{\sin B}$$

よって，

$$\sin B=\frac{2\sin60°}{\sqrt{6}}=2\times\frac{\sqrt{3}}{2}\div\sqrt{6}=\frac{1}{\sqrt{2}}$$

$A+B+C=180°$，$A=60°$ より，　$B+C=120°$

したがって，$0°<B<120°$ であるから，　$B=45°$

このとき，　$C=75°$

「三角形の内角の和は180°である」
ということは，つねに意識しておこう。

□ **問30**　△ABC において，次の等式が成り立つとき，A，B，C のうち最大の角
教科書
p.146　の余弦の値を求めよ。

$$\sin A : \sin B : \sin C = 5 : 6 : 7$$

- -

ガイド　正弦定理を比の形で表すと，$a : \sin A = b : \sin B = c : \sin C$ とな
る。これを

$$a : b : c = \sin A : \sin B : \sin C$$

とも書く。この $a : b : c$ を a，b，c の**連比**という。

本問では，c が最大の辺であるから，C が最大の角であり，余弦定
理を用いて，$\cos C$ の値を求める。

解答　正弦定理により，

$$\sin A : \sin B : \sin C = a : b : c \quad \cdots\cdots①$$

また，条件より，

$$\sin A : \sin B : \sin C = 5 : 6 : 7 \quad \cdots\cdots②$$

①，②より，

$$a : b : c = 5 : 6 : 7$$

このとき，a，b，c は辺の長さであるから，正の数 k を用いて，

$$a = 5k, \quad b = 6k, \quad c = 7k$$

と表すことができる。

したがって，c が最大の辺であるから，C が最大の角である。

余弦定理により，

$$\cos C = \frac{(5k)^2 + (6k)^2 - (7k)^2}{2 \cdot 5k \cdot 6k} = \frac{12k^2}{2 \cdot 5 \cdot 6k^2} = \boldsymbol{\frac{1}{5}}$$

参考　A，B の余弦の値も求めてみると，

$$\cos A = \frac{(6k)^2 + (7k)^2 - (5k)^2}{2 \cdot 6k \cdot 7k} = \frac{60k^2}{2 \cdot 6 \cdot 7k^2} = \frac{5}{7}$$

$$\cos B = \frac{(7k)^2 + (5k)^2 - (6k)^2}{2 \cdot 7k \cdot 5k} = \frac{38k^2}{2 \cdot 7 \cdot 5k^2} = \frac{19}{35}$$

これより，$\cos A > \cos B > \cos C$ であるから，$A < B < C$ となる。

注意　$a : b : c = 5 : 6 : 7$ より，$a = 5$，$b = 6$，$c = 7$ としないように。

第

4

章

図形と計量

節末問題

第3節｜正弦定理と余弦定理

☑ **1**

教科書
p.147

右の図のような3つの内角が45°，60°，75°で，AC＝2 である △ABC に正弦定理を適用して，

$$\sin 75° = \frac{\sqrt{6} + \sqrt{2}}{4}$$

であることを導け。

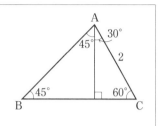

ガイド　BC の長さが求まれば，△ABC に正弦定理を適用して，$\sin 75°$ の値を求めることができる。

解答　頂点Aから辺 BC に下ろした垂線を AH とする。

$$CH = AC \sin 30° = 2 \times \frac{1}{2} = 1$$

$$AH = AC \cos 30° = 2 \times \frac{\sqrt{3}}{2} = \sqrt{3}$$

△ABH は直角二等辺三角形であるから，

$$BH = AH = \sqrt{3}$$

これより，

$$BC = BH + CH = \sqrt{3} + 1$$

△ABC に正弦定理を適用して，

$$\frac{\sqrt{3} + 1}{\sin 75°} = \frac{2}{\sin 45°}$$

よって，

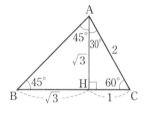

75° を 45° と 30° に分けると，三角比の値を知っている三角形から考えることができるのね。

$$\sin 75° = \frac{(\sqrt{3} + 1) \sin 45°}{2}$$

$$= (\sqrt{3} + 1) \times \frac{1}{\sqrt{2}} \div 2$$

$$= \frac{\sqrt{6} + \sqrt{2}}{4}$$

参考　$AB = \dfrac{AH}{\cos 45°} = \sqrt{6}$　であるから，△ABC に余弦定理を適用すると，

$$\cos 75° = \frac{2^2 + (\sqrt{6})^2 - (\sqrt{3} + 1)^2}{2 \cdot 2 \cdot \sqrt{6}} = \frac{6 - 2\sqrt{3}}{2 \cdot 2 \cdot \sqrt{6}} = \frac{\sqrt{6} - \sqrt{2}}{4}$$

となる。

☑ **2**

教科書 **p.147**

∠A＝120°，AB＝2AC の △ABC がある。BC＝7 のとき，AB と AC の長さを求めよ。

ガイド AC＝x とおき，余弦定理を用いて，x についての2次方程式を作る。

解答 AC＝$x\,(x>0)$ とおくと，

$$AB=2AC=2x$$

余弦定理により，

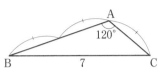

$$7^2=x^2+(2x)^2-2\cdot x\cdot 2x\cdot\cos 120°$$

$$49=x^2+4x^2-2\cdot x\cdot 2x\cdot\left(-\frac{1}{2}\right)$$

$$7x^2=49$$

$$x^2=7$$

$x>0$ より，　$x=\sqrt{7}$

よって，　**AB**＝**$2\sqrt{7}$**，**AC**＝**$\sqrt{7}$**

☑ **3**

教科書 **p.147**

△ABC において，$a=8$，$b=4$，$c=6$ のとき，次の問いに答えよ。

(1) $\cos B$ の値を求めよ。

(2) 辺 BC の中点を M とするとき，線分 AM の長さを求めよ。

ガイド (1) △ABC に余弦定理を用いる。

(2) △ABM に余弦定理を用いる。

解答 (1) △ABC において，余弦定理により，

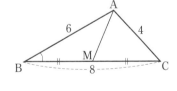

$$\cos B=\frac{6^2+8^2-4^2}{2\cdot 6\cdot 8}$$

$$=\frac{84}{2\cdot 6\cdot 8}=\frac{7}{8}$$

(2) 点Mは辺 BC の中点であるから，

$$BM=\frac{1}{2}BC=4$$

△ABM において，余弦定理により，

$$AM^2=6^2+4^2-2\cdot 6\cdot 4\cdot\cos B=36+16-2\cdot 6\cdot 4\cdot\frac{7}{8}=10$$

AM＞0 より，　**AM**＝**$\sqrt{10}$**

☑ **4**
教科書
p.147
　△ABC において，$a=2$，$b=\sqrt{2}$，$c=\sqrt{3}-1$ のとき，すべての角の大きさと外接円の半径 R を求めよ。

ガイド　まず，余弦定理を用いて，角の大きさを求める。
さらに，正弦定理を用いて，外接円の半径を求める。

解答　余弦定理により，

$$\cos A = \frac{(\sqrt{2})^2+(\sqrt{3}-1)^2-2^2}{2\cdot\sqrt{2}\cdot(\sqrt{3}-1)}$$

$$=\frac{-2(\sqrt{3}-1)}{2\sqrt{2}(\sqrt{3}-1)}=-\frac{1}{\sqrt{2}}$$

したがって，　$A=135°$

$$\cos B = \frac{(\sqrt{3}-1)^2+2^2-(\sqrt{2})^2}{2\cdot(\sqrt{3}-1)\cdot2}$$

$$=\frac{2\sqrt{3}(\sqrt{3}-1)}{4(\sqrt{3}-1)}=\frac{\sqrt{3}}{2}$$

したがって，　$B=30°$
このとき，

$$C=180°-(A+B)$$
$$=180°-(135°+30°)=15°$$

また，正弦定理により，

$$2R=\frac{2}{\sin 135°}$$

したがって，

$$R=\frac{1}{\sin 135°}=\sqrt{2}$$

よって，　**$A=135°$，$B=30°$，$C=15°$，$R=\sqrt{2}$**

☐ **5**
教科書
p.147　　△ABC において，$b=\sqrt{6}$，$c=2\sqrt{3}$，$B=30°$ のとき，残りの辺の長さと角の大きさを求めよ。

ガイド　まず，正弦定理を用いて，角の大きさを求める。
さらに，余弦定理を用いて，辺の長さを求める。

解答　正弦定理により，　　$\dfrac{\sqrt{6}}{\sin 30°}=\dfrac{2\sqrt{3}}{\sin C}$

$$\sin C=\frac{2\sqrt{3}\sin 30°}{\sqrt{6}}=2\sqrt{3}\times\frac{1}{2}\div\sqrt{6}=\frac{1}{\sqrt{2}}$$

$0°<C<150°$ より，　$C=45°$，$135°$
余弦定理により，

$$(\sqrt{6})^2=(2\sqrt{3})^2+a^2-2\cdot 2\sqrt{3}\,a\cos 30°$$
$$a^2-6a+6=0$$
$$a=3\pm\sqrt{3}$$

（ⅰ）$C=45°$ のとき，
$$A=180°-(B+C)=180°-(30°+45°)=105°$$
$B<C<A$ より，　$b<c<a$
すなわち，$a>2\sqrt{3}$ であるから，　$a=3+\sqrt{3}$

（ⅱ）$C=135°$ のとき，
$$A=180°-(B+C)=180°-(30°+135°)=15°$$
$A<B<C$ より，　$a<b<c$
すなわち，$a<\sqrt{6}$ であるから，　$a=3-\sqrt{3}$

（ⅰ），（ⅱ）より，
$$a=3+\sqrt{3},\ A=105°,\ C=45°$$
または，$a=3-\sqrt{3},\ A=15°,\ C=135°$

$1<\sqrt{3}<2$ より，
$4<3+\sqrt{3}<5$，$1<3-\sqrt{3}<2$
これと $3<2\sqrt{3}<4$，$2<\sqrt{6}<3$ より，
$a>2\sqrt{3}$ のとき，　$a=3+\sqrt{3}$
$a<\sqrt{6}$ のとき，　$a=3-\sqrt{3}$

研究〉 三角形の形状決定　　　　　　　　　　　　発展

問題　△ABC において，次の等式が成り立つとき，この三角形はどのような

教科書
p.148　三角形か。

(1)　$a\sin A = b\sin B + c\sin C$

(2)　$a\cos B = b\cos A$

- -

ガイド　3辺の関係がわかれば，三角形の形状がわかる。

(1)　正弦定理を用いて，与えられた等式を辺だけの関係式に変形する。

(2)　余弦定理を用いて，与えられた等式を辺だけの関係式に変形する。

解答　(1)　△ABC の外接円の半径をRとすると，

正弦定理により，

$$\sin A = \frac{a}{2R}, \quad \sin B = \frac{b}{2R}, \quad \sin C = \frac{c}{2R}$$

これらを与えられた等式に代入して，

$$a \cdot \frac{a}{2R} = b \cdot \frac{b}{2R} + c \cdot \frac{c}{2R}$$

両辺に $2R$ を掛けて分母を払うと，　$a^2 = b^2 + c^2$

よって，△ABC は **$A=90°$ の直角三角形**である。

(2)　余弦定理により，

$$\cos A = \frac{b^2+c^2-a^2}{2bc}, \quad \cos B = \frac{c^2+a^2-b^2}{2ca}$$

これらを与えられた等式に代入して，

$$a \cdot \frac{c^2+a^2-b^2}{2ca} = b \cdot \frac{b^2+c^2-a^2}{2bc}$$

両辺に $2c$ を掛けると，　$c^2+a^2-b^2 = b^2+c^2-a^2$

整理して，

$$a^2 - b^2 = 0$$

$$(a+b)(a-b) = 0$$

$a>0$，$b>0$ であるから，　$a=b$

よって，△ABC は **CB=CA の二等辺三角形**である。

第4節 図形の計量

1 図形の面積

☑ **問31** 次のような △ABC の面積 S を求めよ。

教科書 **p.149**
(1) $a=6$, $c=8$, $B=60°$　　　(2) $a=5$, $b=4$, $C=135°$

ガイド

ここがポイント 👉 ［三角形の面積］

△ABC の面積を S とすると，

$$S=\frac{1}{2}bc\sin A=\frac{1}{2}ca\sin B=\frac{1}{2}ab\sin C$$

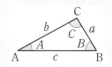

解答
(1) $S=\dfrac{1}{2}\cdot 8\cdot 6\cdot\sin 60°$

$=\dfrac{1}{2}\cdot 8\cdot 6\cdot\dfrac{\sqrt{3}}{2}=\mathbf{12\sqrt{3}}$

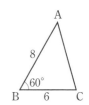

(2) $S=\dfrac{1}{2}\cdot 5\cdot 4\cdot\sin 135°$

$=\dfrac{1}{2}\cdot 5\cdot 4\cdot\dfrac{1}{\sqrt{2}}=\mathbf{5\sqrt{2}}$

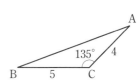

☑ **問32** 次のような △ABC の面積 S を求めよ。

教科書 **p.150**
(1) $a=5$, $b=9$, $c=6$　　　(2) $a=4$, $b=6$, $c=\sqrt{10}$

ガイド まず，余弦定理を用いて，いずれかの角の余弦の値を求める。

解答
(1) 余弦定理により，

$$\cos C=\frac{5^2+9^2-6^2}{2\cdot 5\cdot 9}=\frac{70}{2\cdot 5\cdot 9}=\frac{7}{9}$$

$0°<C<180°$ より，$\sin C>0$ であるから，

$$\sin C=\sqrt{1-\left(\frac{7}{9}\right)^2}=\sqrt{\frac{32}{81}}=\frac{4\sqrt{2}}{9}$$

よって，$S=\dfrac{1}{2}ab\sin C=\dfrac{1}{2}\cdot 5\cdot 9\cdot\dfrac{4\sqrt{2}}{9}=\mathbf{10\sqrt{2}}$

(2)　余弦定理により，

$$\cos C = \frac{4^2 + 6^2 - (\sqrt{10})^2}{2 \cdot 4 \cdot 6} = \frac{42}{2 \cdot 4 \cdot 6} = \frac{7}{8}$$

$0° < C < 180°$ より，$\sin C > 0$ であるから，

$$\sin C = \sqrt{1 - \left(\frac{7}{8}\right)^2} = \sqrt{\frac{15}{64}} = \frac{\sqrt{15}}{8}$$

よって，　$S = \dfrac{1}{2} ab \sin C = \dfrac{1}{2} \cdot 4 \cdot 6 \cdot \dfrac{\sqrt{15}}{8} = \dfrac{3\sqrt{15}}{2}$

参考　余弦定理を用いて余弦の値を求める角は，∠A，∠B，∠C のいずれ
でもよい。

問33　$b=3$，$c=4$，$A=120°$ である △ABC において，∠A の二等分線と辺
教科書 **p.150**　BC の交点をDとするとき，線分 AD の長さを求めよ。

- -

ガイド　△ABC を △ABD と △ACD に分けて，その面積を考える。

解答　AD$=x$ とおくと，

△ABC＝△ABD＋△ACD であるから，

$$\frac{1}{2} \cdot 4 \cdot 3 \cdot \sin 120° = \frac{1}{2} \cdot 4 \cdot x \cdot \sin 60° + \frac{1}{2} \cdot 3 \cdot x \cdot \sin 60°$$

$$3\sqrt{3} = \sqrt{3}\,x + \frac{3\sqrt{3}}{4}x$$

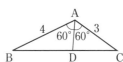

$$\frac{7\sqrt{3}}{4}x = 3\sqrt{3}$$

$$x = \frac{12}{7}$$

よって，　AD$=\dfrac{12}{7}$

☑ **問34**　$a=5$, $b=6$, $c=3$ である $\triangle ABC$ の内接円の半径 r を求めよ。

教科書
p.151

ガイド　三角形の 3 辺すべてに接する円を，その三角形の **内接円** という。

> **ここがポイント** 　［三角形の面積と内接円の半径］
> $\triangle ABC$ の面積を S, 内接円の半径を r とするとき，
>
> $$S=\frac{1}{2}(a+b+c)r$$

解答　余弦定理により，　$\cos A=\dfrac{6^2+3^2-5^2}{2\cdot 6\cdot 3}=\dfrac{20}{2\cdot 6\cdot 3}=\dfrac{5}{9}$

$\sin A>0$ であるから，　$\sin A=\sqrt{1-\left(\dfrac{5}{9}\right)^2}=\dfrac{2\sqrt{14}}{9}$

$\triangle ABC$ の面積を S とすると，　$S=\dfrac{1}{2}\cdot 6\cdot 3\cdot\dfrac{2\sqrt{14}}{9}=2\sqrt{14}$

また，　$S=\dfrac{1}{2}(5+6+3)r=7r$

よって，
$$7r=2\sqrt{14}$$
であるから，　$r=\dfrac{2\sqrt{14}}{7}$

☑ **問35**　円に内接する四角形 ABCD がある。AB$=7$，BC$=5$，CD$=5$,

教科書
p.152　∠ABC$=60°$ のとき，次のものを求めよ。

(1)　対角線 AC の長さ　　　　　(2)　辺 AD の長さ

(3)　四角形 ABCD の面積 S

ガイド　(1)　$\triangle ABC$ に余弦定理を用いる。

(2)　円に内接する四角形の向かい合う内角の和は $180°$ であること
を利用する。

AD$=x$ とおいて，$\triangle ACD$ に余弦定理を用いる。

(3)　四角形 ABCD を $\triangle ABC$ と $\triangle ACD$ に分けて S を求める。

解答▶　(1)　△ABC において，余弦定理により，

$$AC^2 = 7^2 + 5^2 - 2 \cdot 7 \cdot 5 \cdot \cos 60°$$

$$= 49 + 25 - 2 \cdot 7 \cdot 5 \cdot \frac{1}{2} = 39$$

AC>0 より，　AC$=\sqrt{39}$

(2)　四角形 ABCD は円に内接するから，

$$\angle ADC = 180° - \angle ABC = 180° - 60° = 120°$$

AD$=x$ とおくと，△ACD において，余弦定理により，

$$(\sqrt{39})^2 = 5^2 + x^2 - 2 \cdot 5 \cdot x \cdot \cos 120°$$

$$39 = 25 + x^2 - 2 \cdot 5 \cdot x \cdot \left(-\frac{1}{2}\right)$$

$x^2 + 5x - 14 = 0$ より，

$$(x-2)(x+7) = 0$$

$x>0$ であるから，　$x=2$

よって，　AD$=$**2**

(3)　$S = △ABC + △ACD$

$$= \frac{1}{2} \cdot 7 \cdot 5 \cdot \sin 60° + \frac{1}{2} \cdot 5 \cdot 2 \cdot \sin 120°$$

$$= \frac{1}{2} \cdot 7 \cdot 5 \cdot \frac{\sqrt{3}}{2} + \frac{1}{2} \cdot 5 \cdot 2 \cdot \frac{\sqrt{3}}{2}$$

$$= \frac{45\sqrt{3}}{4}$$

研究 〉 ヘロンの公式　　　　　　　　　　　　　　　　発展

問題 $a=5$, $b=9$, $c=6$ である $\triangle ABC$ の面積 S を，ヘロンの公式を用いて
教科書
p.153 求めよ。

ガイド

ここがポイント ☞ **[ヘロンの公式]**

$\triangle ABC$ の面積を S, $s=\dfrac{1}{2}(a+b+c)$ とすると，

$$S=\sqrt{s(s-a)(s-b)(s-c)}$$

解答 $s=\dfrac{1}{2}(5+9+6)=10$

よって，

$$S=\sqrt{10(10-5)(10-9)(10-6)}$$
$$=\sqrt{10\cdot 5\cdot 1\cdot 4}=10\sqrt{2}$$

便利な公式だから，
使いこなせるように
よく練習しておこう！

参考 ヘロンの公式は，次のように導くことができる。

$$S=\dfrac{1}{2}bc\sin A=\dfrac{1}{2}bc\sqrt{1-\cos^2 A}=\dfrac{1}{2}bc\sqrt{1-\left(\dfrac{b^2+c^2-a^2}{2bc}\right)^2}$$

$$=\dfrac{1}{2}bc\cdot\dfrac{1}{2bc}\sqrt{(2bc)^2-(b^2+c^2-a^2)^2}$$

$$=\dfrac{1}{4}\sqrt{\{2bc+(b^2+c^2-a^2)\}\{2bc-(b^2+c^2-a^2)\}}$$

$$=\dfrac{1}{4}\sqrt{\{(b+c)^2-a^2\}\{a^2-(b-c)^2\}}$$

$$=\dfrac{1}{4}\sqrt{\{(b+c+a)(b+c-a)\}\{(a+b-c)(a-b+c)\}}$$

$$=\dfrac{1}{4}\sqrt{(a+b+c)(b+c-a)(c+a-b)(a+b-c)}$$

ここで，$a+b+c=2s$ とおくと，

$$b+c-a=2(s-a),\ \ c+a-b=2(s-b),\ \ a+b-c=2(s-c)$$

となり，

$$S=\dfrac{1}{4}\sqrt{2s\cdot 2(s-a)\cdot 2(s-b)\cdot 2(s-c)}$$

$$=\sqrt{s(s-a)(s-b)(s-c)}$$

が成り立つ。

2 空間図形の計量

☐ **問36** AB=$\sqrt{6}$，AD=$\sqrt{2}$，AE=1 である

教科書
p.154 直方体 ABCD−EFGH があるとき，
△AFC の面積 S を求めよ。

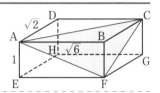

ガイド まず，△AFC の3辺の長さを三平方の定理を用いて求める。

解答 三平方の定理により，

$$AF=\sqrt{(\sqrt{6})^2+1^2}=\sqrt{7}$$
$$FC=\sqrt{1^2+(\sqrt{2})^2}=\sqrt{3}$$
$$CA=\sqrt{(\sqrt{2})^2+(\sqrt{6})^2}=2\sqrt{2}$$

したがって，△AFC において余弦定理により，

$$\cos\angle FAC=\frac{(\sqrt{7})^2+(2\sqrt{2})^2-(\sqrt{3})^2}{2\cdot\sqrt{7}\cdot2\sqrt{2}}=\frac{3}{\sqrt{14}}$$

$\sin\angle FAC>0$ であるから，

$$\sin\angle FAC=\sqrt{1-\cos^2\angle FAC}=\sqrt{1-\frac{9}{14}}=\frac{\sqrt{5}}{\sqrt{14}}$$

よって，

$$S=\frac{1}{2}\cdot\sqrt{7}\cdot2\sqrt{2}\cdot\frac{\sqrt{5}}{\sqrt{14}}=\boldsymbol{\sqrt{5}}$$

☐ **問37** 三角錐 OABC において，OA=OB=OC=4，AB=BC=CA=6 のと

教科書
p.155 き，この三角錐の体積 V を求めよ。

ガイド 三角錐 OABC の頂点Oから底
面 ABC に垂線 OH を下ろすとき，
点 H は △ABC の外接円の中心
であることを示す。

正弦定理と三平方の定理を用い
て，OH の長さを求める。

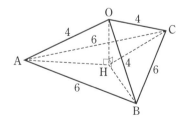

解答　三角錐 OABC の頂点 O から底面 ABC に垂線 OH を下ろす。

△OAH と △OBH と △OCH において，

OA＝OB＝OC＝4，OH は共通，∠OHA＝∠OHB＝∠OHC＝90°
より，　　△OAH≡△OBH≡△OCH

したがって，AH＝BH＝CH であるから，点 H は △ABC の外接円の中心である。

線分 AH は △ABC の外接円の半径であり，△ABC は 1 辺の長さが 6 の正三角形であるから，

正弦定理により，　$\dfrac{6}{\sin 60°}＝2AH$

したがって，　AH＝$2\sqrt{3}$

△OAH において，三平方の定理により，

$OH＝\sqrt{OA^2－AH^2}＝\sqrt{4^2－(2\sqrt{3})^2}＝2$

よって，　$V＝\dfrac{1}{3}\cdot △ABC\cdot OH＝\dfrac{1}{3}×\dfrac{1}{2}\cdot 6\cdot 6\cdot \sin 60°×2＝\mathbf{6\sqrt{3}}$

問38　右の図のように，垂直に立つ塔がある。900 m
離れた 2 地点 B，C から塔の先端 A とその真下の
地点 D を見たとき，

教科書
p.156

∠ABD＝30°，∠DBC＝75°，∠DCB＝60°
であった。塔の高さ AD を求めよ。

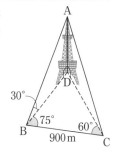

- -

ガイド　△ABD について，辺の長さや角の大きさを調べる。

解答　∠BDC＝180°－(75°＋60°)＝45° であるから，

△BCD において正弦定理により，　$\dfrac{BD}{\sin 60°}＝\dfrac{900}{\sin 45°}$

したがって，　$BD＝\dfrac{900}{\sin 45°}×\sin 60°＝900÷\dfrac{1}{\sqrt{2}}×\dfrac{\sqrt{3}}{2}＝450\sqrt{6}$

△ABD は，∠ADB＝90° の直角三角形で，∠ABD＝30° であるから，　$AD＝BD\tan 30°＝450\sqrt{6}×\dfrac{1}{\sqrt{3}}＝450\sqrt{2}$

よって，求める高さは $\mathbf{450\sqrt{2}}$ **m** である。

節 末 問 題

第4節│図形の計量

☑ **1**
教科書
p.157

半径 r の円に内接する正十二角形の面積 S を r を用いて表せ。

ガイド 円の中心と正十二角形の各頂点を結ぶと，正十二角形を 12 個の合同な二等辺三角形に分けることができる。それぞれの二等辺三角形の面積は，

$$\frac{1}{2} \cdot r \cdot r \cdot \sin \frac{360°}{12}$$

であるから，S はこの 12 倍となる。

解答 右の図のように，半径 r の円に内接する正十二角形は，円の中心と各頂点を結ぶ線分により，12 個の合同な二等辺三角形に分けられる。

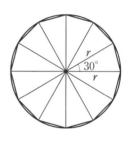

それぞれの二等辺三角形は，頂角が 30°，頂角をはさむ 2 辺の長さがそれぞれ r であるから，

$$S = \frac{1}{2} \cdot r \cdot r \cdot \sin 30° \times 12 = \frac{1}{2} \cdot r \cdot r \cdot \frac{1}{2} \times 12 = 3r^2$$

参考 半径 r の円に内接する正 n 角形の面積 S_n は，

$$S_n = \frac{1}{2} \cdot r \cdot r \cdot \sin \frac{360°}{n} \times n$$

と表すことができる。

ここで，正 n 角形と円の面積を比べると，

$$S_n < \pi r^2$$

よって，$\dfrac{n}{2} \sin \dfrac{360°}{n} < \pi$ が成り立つ。

n の値を大きくしていくと，正 n 角形の形が円に近づいていくことより，この不等式の左辺の値も右辺の π（$=3.14159\cdots\cdots$）に近づいていく。

2

AB=$\sqrt{3}$, AC=2, ∠BAC=90° である
△ABC において, ∠BAC の三等分線と辺
BC の交点を, B に近い方から順に P, Q と
するとき, 次の線分の長さを求めよ.

(1) AP　　　　　　(2) AQ

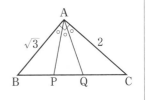

ガイド (1) △ABC を △ABP と △ACP に分けて, その面積を考える.

(2) △ABC を △ABQ と △ACQ に分けて, その面積を考える.

解答 (1) AP=x とすると, △ABC=△ABP+△ACP であるから,

$$\frac{1}{2}\cdot\sqrt{3}\cdot2=\frac{1}{2}\cdot\sqrt{3}\cdot x\cdot\sin30°+\frac{1}{2}\cdot2\cdot x\cdot\sin60°$$

$$\sqrt{3}=\frac{\sqrt{3}}{4}x+\frac{\sqrt{3}}{2}x$$

$$\frac{3\sqrt{3}}{4}x=\sqrt{3}$$

$$x=\frac{4}{3}$$

よって,　AP=$\dfrac{4}{3}$

(2) AQ=y とすると, △ABC=△ABQ+△ACQ であるから,

$$\frac{1}{2}\cdot\sqrt{3}\cdot2=\frac{1}{2}\cdot\sqrt{3}\cdot y\cdot\sin60°+\frac{1}{2}\cdot2\cdot y\cdot\sin30°$$

$$\sqrt{3}=\frac{3}{4}y+\frac{1}{2}y$$

$$\frac{5}{4}y=\sqrt{3}$$

$$y=\frac{4\sqrt{3}}{5}$$

よって,　AQ=$\dfrac{4\sqrt{3}}{5}$

第
4
章

図形と計量

3 円に内接する四角形 ABCD がある。AB＝3，BC＝5，CD＝DA，∠ADC＝60° のとき，次のものを求めよ。

(1) △ABC の面積 (2) 四角形 ABCD の面積

ガイド (1) 円に内接する四角形の向かい合う内角の和は 180° であることを利用する。

(2) CD＝DA，∠ADC＝60° より，△ACD は正三角形である。

解答 (1) 四角形 ABCD は円に内接するから，

$$\angle ABC = 180° - \angle ADC$$
$$= 180° - 60°$$
$$= 120°$$

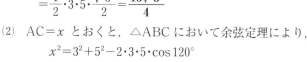

よって，△ABC の面積は，

$$\frac{1}{2} \cdot 3 \cdot 5 \cdot \sin 120°$$

$$= \frac{1}{2} \cdot 3 \cdot 5 \cdot \frac{\sqrt{3}}{2} = \frac{15\sqrt{3}}{4}$$

(2) AC＝x とおくと，△ABC において余弦定理により，

$$x^2 = 3^2 + 5^2 - 2 \cdot 3 \cdot 5 \cdot \cos 120°$$

$$= 9 + 25 - 2 \cdot 3 \cdot 5 \cdot \left(-\frac{1}{2}\right)$$

$$= 49$$

$x > 0$ であるから，$x = 7$

CD＝DA，∠ADC＝60° より，△ACD は正三角形であるから，

CD＝DA＝AC＝7

したがって，△ACD の面積は，

$$\frac{1}{2} \cdot 7 \cdot 7 \cdot \sin 60° = \frac{1}{2} \cdot 7 \cdot 7 \cdot \frac{\sqrt{3}}{2} = \frac{49\sqrt{3}}{4}$$

よって，四角形 ABCD の面積は，

$$\triangle ABC + \triangle ACD = \frac{15\sqrt{3}}{4} + \frac{49\sqrt{3}}{4} = \mathbf{16\sqrt{3}}$$

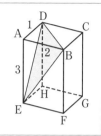

□ **4**

教科書
p.157

AB＝2，AD＝1，AE＝3 である直方体 ABCD-EFGH がある。このとき，次のものを求めよ。

(1) △BDE の面積 S

(2) 点Aから △BDE に下ろした垂線の長さ h

ガイド (1) △BDE の 3 辺の長さから求める。

(2) 四面体 ABDE の体積は，△ABD を底面とみると，具体的な数値で表される。一方，△BDE を底面とみると，h を用いた式で表される。

解答 (1) 三平方の定理により，

$$BD=\sqrt{2^2+1^2}=\sqrt{5}$$
$$DE=\sqrt{1^2+3^2}=\sqrt{10}$$
$$EB=\sqrt{3^2+2^2}=\sqrt{13}$$

△BDE において，余弦定理により，

$$\cos\angle BDE=\frac{(\sqrt{5})^2+(\sqrt{10})^2-(\sqrt{13})^2}{2\cdot\sqrt{5}\cdot\sqrt{10}}=\frac{2}{2\cdot\sqrt{5}\cdot\sqrt{10}}=\frac{1}{5\sqrt{2}}$$

$0°<\angle BDE<180°$ より，$\sin\angle BDE>0$ であるから，

$$\sin\angle BDE=\sqrt{1-\cos^2\angle BDE}=\sqrt{1-\left(\frac{1}{5\sqrt{2}}\right)^2}=\frac{7}{5\sqrt{2}}$$

よって，　$S=\dfrac{1}{2}\cdot\sqrt{5}\cdot\sqrt{10}\cdot\dfrac{7}{5\sqrt{2}}=\dfrac{7}{2}$

(2) 四面体 ABDE の体積を V とする。

△ABD を底面とみることにより，

$$V=\frac{1}{3}\cdot\triangle ABD\cdot AE=\frac{1}{3}\times\frac{1}{2}\cdot2\cdot1\times3=1$$

また，△BDE を底面とみることにより，

$$V=\frac{1}{3}\cdot\triangle BDE\cdot h=\frac{1}{3}\times\frac{7}{2}\times h=\frac{7}{6}h$$

したがって，　$1=\dfrac{7}{6}h$

よって，　$h=\dfrac{6}{7}$

第 4 章

図形と計量

□5

教科書 **p.157**

右の図のように，垂直に立つ塔の高さを OP とする。地点Oの真西の地点Aで塔の頂点Pの仰角を測ると $45°$ で，$\angle OAB = 45°$ となる南東方向にAから $80\,\mathrm{m}$ 離れた地点BでPの仰角を測ると $30°$ であった。

このとき，OP を $x\,\mathrm{m}$ として，次の問いに答えよ。

(1) OB の長さを x を用いて表せ。

(2) x の値を求めよ。

ガイド (2) △OAB に着目して，余弦定理により，x についての2次方程式を立てる。

解答▶ (1) $\tan 30° = \dfrac{\mathrm{OP}}{\mathrm{OB}}$ であるから，

$$\mathrm{OB} = \frac{\mathrm{OP}}{\tan 30°} = x \div \frac{1}{\sqrt{3}} = \sqrt{3}\,x\ (\mathrm{m})$$

(2) $\tan 45° = \dfrac{\mathrm{OP}}{\mathrm{OA}}$ であるから，

$$\mathrm{OA} = \frac{\mathrm{OP}}{\tan 45°} = x \div 1 = x\ (\mathrm{m})$$

△OAB において，余弦定理により，

$$(\sqrt{3}\,x)^2 = x^2 + 80^2 - 2 \cdot x \cdot 80 \cdot \cos 45°$$

$$3x^2 = x^2 + 6400 - 2 \cdot x \cdot 80 \cdot \frac{1}{\sqrt{2}}$$

$$x^2 + 40\sqrt{2}\,x - 3200 = 0$$

$$x = -20\sqrt{2} \pm \sqrt{4000} = -20\sqrt{2} \pm 20\sqrt{10}$$

$x > 0$ より，　$x = \mathbf{20\sqrt{10} - 20\sqrt{2}}\ (\mathbf{m})$

空間図形の中から
必要な三角形を
取り出して考えよう。

章 末 問 題

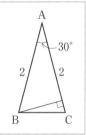

A

☐ **1.**
教科書
p.158

右の図は，AB＝AC＝2，∠A＝30° の二等辺三角形 ABC である。

この図を利用して，tan 15° の値を求めよ。

ガイド 頂点Bから辺 AC に下ろした垂線を BH とすると，∠CBH＝15° である。これを利用するために，CH，BH の長さを求める。

解答 頂点Bから辺 AC に下ろした垂線を BH とする。

$$\angle ABC=(180°-30°)÷2=75°$$
$$\angle ABH=180°-(30°+90°)=60°$$
$$\angle CBH=\angle ABC-\angle ABH=75°-60°=15°$$

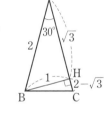

また，△ABH は，∠AHB＝90° の直角三角形 であるから，

$$BH=AB\sin 30°=2\times\frac{1}{2}=1$$

$$AH=AB\cos 30°=2\times\frac{\sqrt{3}}{2}=\sqrt{3}$$

$$CH=AC-AH=2-\sqrt{3}$$

よって，直角三角形 CBH において，

補助線を引いて，30°，60°，90° の直角三角形を作るのがポイントね。

$$\textbf{tan 15°}=\frac{CH}{BH}=\frac{2-\sqrt{3}}{1}=2-\sqrt{3}$$

参考 75°＋15°＝90° であるから，

$$\tan 75°=\frac{1}{\tan 15°}=\frac{1}{2-\sqrt{3}}=\frac{2+\sqrt{3}}{(2-\sqrt{3})(2+\sqrt{3})}=2+\sqrt{3}$$

である。

☑ 2.
教科書
p.158
△ABC の面積を S, 外接円の半径を R とするとき, 等式 $S=\dfrac{abc}{4R}$ が成り立つことを証明せよ。

ガイド △ABC の外接円の半径は R であり, 正弦定理により,

$$\frac{a}{\sin A}=\frac{b}{\sin B}=\frac{c}{\sin C}=2R$$

が成り立っている。また, △ABC の面積 S は,

$$S=\frac{1}{2}bc\sin A=\frac{1}{2}ca\sin B=\frac{1}{2}ab\sin C$$

である。

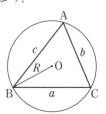

解答 正弦定理により, $\quad\dfrac{a}{\sin A}=2R$

したがって, $\quad \sin A=\dfrac{a}{2R}$

よって,

$$S=\frac{1}{2}bc\sin A=\frac{1}{2}bc\cdot\frac{a}{2R}=\frac{abc}{4R}$$

☑ 3.
教科書
p.158
△OAB の辺 AB 上に点 P をとる。
OA$=a$, OB$=b$, OP$=p$, ∠AOP$=\alpha$,
∠BOP$=\beta$ とするとき, 次の等式が成り
立つことを証明せよ。

$$p=\frac{ab\sin(\alpha+\beta)}{a\sin\alpha+b\sin\beta}$$

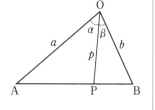

ガイド △OAB を △OAP と △OBP に分けて, その面積を考える。

解答 △OAB$=$△OAP$+$△OBP であるから,

$$\frac{1}{2}ab\sin(\alpha+\beta)=\frac{1}{2}ap\sin\alpha+\frac{1}{2}bp\sin\beta$$

$$\frac{1}{2}p(a\sin\alpha+b\sin\beta)=\frac{1}{2}ab\sin(\alpha+\beta)$$

両辺を $\dfrac{1}{2}(a\sin\alpha+b\sin\beta)$ で割って,

$$p=\frac{ab\sin(\alpha+\beta)}{a\sin\alpha+b\sin\beta}$$

□ **4.**

教科書
p.158

$a=5$, $\cos B=\dfrac{3}{5}$ である △ABC が半径 $\dfrac{5\sqrt{5}}{2}$ の円に内接している。

このとき，次のものを求めよ。

(1) b, c の値

(2) △ABC の内接円の半径 r

ガイド (1) 正弦定理，余弦定理を用いる。

(2) △ABC の面積を r を用いて表す。

解答 (1) $0°<B<180°$ より，$\sin B>0$ であるから，

$$\sin B=\sqrt{1-\left(\frac{3}{5}\right)^2}=\frac{4}{5}$$

正弦定理により，

$$\frac{b}{\sin B}=2R$$

よって，　$b=2R\sin B=2\times\dfrac{5\sqrt{5}}{2}\times\dfrac{4}{5}=\boldsymbol{4\sqrt{5}}$

また，余弦定理により，

$$(4\sqrt{5})^2=c^2+5^2-2\cdot c\cdot 5\cdot\frac{3}{5}$$

$c^2-6c-55=0$ より，　$(c+5)(c-11)=0$

$c>0$ であるから，　$\boldsymbol{c=11}$

(2) △ABC の面積を S とすると，

$$S=\frac{1}{2}ca\sin B=\frac{1}{2}\cdot 11\cdot 5\cdot\frac{4}{5}=22$$

また，$S=\dfrac{1}{2}(a+b+c)r$ より，

$$22=\frac{1}{2}(5+4\sqrt{5}+11)r$$

よって，

$$r=\frac{44}{16+4\sqrt{5}}$$

$$=\frac{11}{4+\sqrt{5}}$$

$$=\frac{11(4-\sqrt{5})}{(4+\sqrt{5})(4-\sqrt{5})}$$

$$=\boldsymbol{4-\sqrt{5}}$$

B

☐ **5.** 台形 ABCD において, AD∥BC, AB=9, BC=11, CD=7, DA=3
教科書
p.159 のとき, この台形の面積 S を求めよ。

ガイド 四角形 ABED が平行四辺形となるとき, DE=AB, BE=AD

解答▶ 辺 BC 上に AB∥DE となるように点
Eをとると, AD∥BE, DE∥AB より,
四角形 ABED は平行四辺形である。

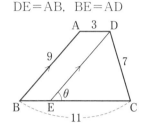

このとき,

$$BE=AD=3, \qquad DE=AB=9$$
$$CE=BC-BE=11-3=8$$

∠DEC=θ とおくと, △DEC において, 余弦定理により,

$$\cos\theta=\frac{9^2+8^2-7^2}{2\cdot9\cdot8}=\frac{96}{2\cdot9\cdot8}=\frac{2}{3}$$

0°<θ<180° より, sin θ>0 であるから,

$$\sin\theta=\sqrt{1-\left(\frac{2}{3}\right)^2}=\frac{\sqrt{5}}{3}$$

したがって,

$$\triangle DEC=\frac{1}{2}\cdot9\cdot8\cdot\frac{\sqrt{5}}{3}=12\sqrt{5}$$

また, AB∥DE より, ∠ABE=θ であるから,

$$\square ABED=2\triangle ABE=2\times\frac{1}{2}\cdot9\cdot3\cdot\frac{\sqrt{5}}{3}=9\sqrt{5}$$

よって, 台形 ABCD の面積 S は,

$$S=\triangle DEC+\square ABED=12\sqrt{5}+9\sqrt{5}=\mathbf{21\sqrt{5}}$$

参考 台形の高さが AB sin θ で表されることを用いて求めてもよい。

また, 底辺の比より, $\triangle ABD=\triangle BDE=\frac{3}{8}\triangle CDE$ と考えて,

台形の面積 S を求めてもよい。

☐ **6.**
教科書
p.159

円に内接する四角形 ABCD がある。AB＝4，BC＝5，CD＝7，
DA＝10 のとき，次のものを求めよ。
(1) 対角線 AC の長さ
(2) 四角形 ABCD の面積 S

ガイド (1) ∠ABC＝θ とおくと，∠ADC＝180°－θ となる。△ABC，
△ACD にそれぞれ余弦定理を用いると，AC^2 が2通りに表される。

(2) 四角形 ABCD の面積 S を，△ABC と △ACD の面積の和と考
える。

解答 (1) ∠ABC＝θ とおく。

四角形 ABCD は円に内接するから，

$$∠ADC＝180°－\theta$$

△ABC において，余弦定理により，

$$AC^2＝4^2+5^2-2\cdot4\cdot5\cdot\cos\theta$$
$$＝41-40\cos\theta \quad\cdots\cdots①$$

△ACD において，余弦定理により，

$$AC^2＝10^2+7^2-2\cdot10\cdot7\cdot\cos(180°-\theta)$$
$$＝149+140\cos\theta \quad\cdots\cdots②$$

①，②より，　　$41-40\cos\theta＝149+140\cos\theta$

よって，　$\cos\theta＝-\dfrac{3}{5}$

このとき，①より，　$AC^2＝41-40\cdot\left(-\dfrac{3}{5}\right)＝65$

AC＞0 であるから，　$AC＝\sqrt{65}$

(2) $0°<\theta<180°$ より，$\sin\theta>0$ であるから，

$$\sin\theta＝\sqrt{1-\left(-\dfrac{3}{5}\right)^2}＝\dfrac{4}{5}$$

よって，

$$S＝△ABC+△ACD$$
$$＝\dfrac{1}{2}\cdot4\cdot5\cdot\sin\theta+\dfrac{1}{2}\cdot10\cdot7\cdot\sin(180°-\theta)$$
$$＝\dfrac{1}{2}\cdot4\cdot5\cdot\sin\theta+\dfrac{1}{2}\cdot10\cdot7\cdot\sin\theta$$
$$＝\dfrac{1}{2}\cdot4\cdot5\cdot\dfrac{4}{5}+\dfrac{1}{2}\cdot10\cdot7\cdot\dfrac{4}{5}＝36$$

第4章 図形と計量

□ **7.**
教科書
p.159

右の図のように，ある山のふもとに
まっすぐで平坦な一本道 ℓ がある。ℓ
上の点からの仰角を測ることでこの山
の高さ PQ を求めたい。

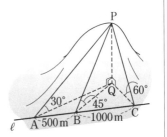

ℓ 上の地点 A から山頂 P の仰角を測
ると 30° であった。A から ℓ 上を
500 m 歩き，到達した地点 B から P の
仰角を測ると 45°，さらにそこから ℓ 上を同じ方向に 1000 m 歩き，到達
した地点 C から P の仰角を測ると 60° であった。山の高さ PQ を求めよ。

ガイド PQ を x m とし，△ABQ と △ACQ に着目して，余弦定理により，
x についての 2 次方程式をたてる。

解答 PQ$=x$ (m) とおく。

$$PQ=AQ\tan 30° \text{ より，} \quad AQ=\frac{PQ}{\tan 30°}=\sqrt{3}\,x$$

$$PQ=BQ\tan 45° \text{ より，} \quad BQ=\frac{PQ}{\tan 45°}=x$$

$$PQ=CQ\tan 60° \text{ より，} \quad CQ=\frac{PQ}{\tan 60°}=\frac{x}{\sqrt{3}}$$

△ABQ において，余弦定理により，

$$\cos\angle BAQ=\frac{500^2+(\sqrt{3}\,x)^2-x^2}{2\cdot 500\cdot\sqrt{3}\,x}=\frac{250000+2x^2}{1000\sqrt{3}\,x}$$

△ACQ において，余弦定理により，

$$\cos\angle CAQ=\frac{1500^2+(\sqrt{3}\,x)^2-\left(\dfrac{x}{\sqrt{3}}\right)^2}{2\cdot 1500\cdot\sqrt{3}\,x}=\frac{2250000+\dfrac{8}{3}x^2}{3000\sqrt{3}\,x}$$

$\angle BAQ=\angle CAQ$ より，$\cos\angle BAQ=\cos\angle CAQ$ であるから，

$$\frac{250000+2x^2}{1000\sqrt{3}\,x}=\frac{2250000+\dfrac{8}{3}x^2}{3000\sqrt{3}\,x}$$

$$3(250000+2x^2)=2250000+\frac{8}{3}x^2$$

$$x^2=450000$$

$x>0$ より，$\quad x=300\sqrt{5}$

よって，求める高さは **$300\sqrt{5}$ m** である。

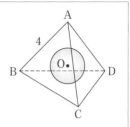

□ 8.
教科書
p.159

　1辺の長さが 4 の正四面体 ABCD に内接する球の中心を O とするとき，次の問いに答えよ。

(1)　正四面体 ABCD の体積を求めよ。

(2)　四面体 OBCD の体積を求めよ。

(3)　球の半径を求めよ。

ガイド　(1)　頂点 A から △BCD に下ろした垂線の長さを求める。

(2)　正四面体 ABCD の体積は，4つの合同な四面体 OBCD，OCDA，ODAB，OABC の体積の和となる。

(3)　(2)を利用して，球の半径を求める。

解答　(1)　頂点 A から △BCD に垂線 AH を下ろすと，点 H は △BCD の外接円の中心であるから，正弦定理により，$\dfrac{4}{\sin 60°}=2\mathrm{BH}$

したがって，　$\mathrm{BH}=\dfrac{2}{\sin 60°}=\dfrac{4}{\sqrt{3}}$

△ABH において，三平方の定理により，

$$\mathrm{AH}=\sqrt{\mathrm{AB}^2-\mathrm{BH}^2}=\sqrt{4^2-\left(\dfrac{4}{\sqrt{3}}\right)^2}=\dfrac{4\sqrt{2}}{\sqrt{3}}$$

よって，正四面体 ABCD の体積を V とすると，

$$V=\dfrac{1}{3}\cdot△\mathrm{BCD}\cdot\mathrm{AH}=\dfrac{1}{3}\times\dfrac{1}{2}\cdot4\cdot4\cdot\sin 60°\times\dfrac{4\sqrt{2}}{\sqrt{3}}=\dfrac{16\sqrt{2}}{3}$$

(2)　正四面体 ABCD は，O を1つの頂点とする4つの合同な四面体 OBCD，OCDA，ODAB，OABC に分けられる。

四面体 OBCD の体積を V' とすると，

$$V'=\dfrac{V}{4}=\dfrac{16\sqrt{2}}{3}\times\dfrac{1}{4}=\dfrac{4\sqrt{2}}{3}$$

(3)　球の半径 r は，△BCD を底面としたときの四面体 OBCD の高さであるから，

$V'=\dfrac{1}{3}\cdot△\mathrm{BCD}\cdot r$ より，

$$\dfrac{4\sqrt{2}}{3}=\dfrac{1}{3}\times\dfrac{1}{2}\cdot4\cdot4\cdot\sin 60°\times r$$

よって，　$r=\dfrac{\sqrt{6}}{3}$

第4章 図形と計量

思考力を養う トレミーの定理 発展 課題学習

☐ **Q 1** 円に内接する四角形について成り立つ次の「トレミーの定理」について
教科書
p.160 て考えてみよう。

> **定理 [トレミーの定理]**
>
> 四角形 ABCD が円に内接するとき，
> 次の等式が成り立つ。
>
> $$AC \cdot BD = AD \cdot BC + AB \cdot DC$$
>
>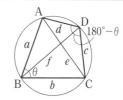

余弦定理を用いてこの定理を証明してみよう。

AB$=a$，BC$=b$，CD$=c$，DA$=d$，AC$=e$，BD$=f$，$\angle$ABC$=\theta$ と
おく。このとき，四角形 ABCD が円に内接するから，$\angle$ADC$=180°-\theta$
である。

△ABC と △ADC に余弦定理を用いて，

$$\frac{a^2+b^2-e^2}{2ab}=\cos\theta=-\cos(180°-\theta)=-\frac{c^2+d^2-e^2}{2cd}$$

この等式の右端と左端が等しいことに着目して，e^2 について解くと，

$$e^2=\frac{(ac+bd)(ad+bc)}{ab+cd}$$

同様にして，$f^2=\dfrac{(ac+bd)(ab+cd)}{ad+bc}$ も導くことができる。

トレミーの定理を a，b，c，d，e，f で表し，上の式を用いて証明して
みよう。

ガイド e^2 と f^2 の式の辺々を掛けて，$e^2 \cdot f^2=(ac+bd)^2$ となることを示
す。

解答　トレミーの定理を a, b, c, d, e, f で表すと，次のようになる。

$$e \cdot f = d \cdot b + a \cdot c$$

すでに導いた e^2 と f^2 の式の辺々を掛けて，

$$e^2 \cdot f^2 = \frac{(ac+bd)(ad+bc)}{ab+cd} \cdot \frac{(ac+bd)(ab+cd)}{ad+bc}$$

$$= (ac+bd)^2$$

a, b, c, d, e, f はすべて正であるから，

$$ef = ac + bd$$

よって，$AC \cdot BD = AD \cdot BC + AB \cdot DC$ は成り立つ。

□**Q2**　正三角形 ABC は円に内接する。その円の B を

教科書 含まない弧 AC 上に任意の点 D をとると，次の等

p.160　式が成り立つことを示してみよう。

$$AD + CD = BD$$

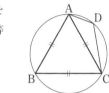

ガイド　AB＝BC＝CA＝x とおいて，トレミーの定理に代入する。

解答　AB＝BC＝CA＝x とおくと，トレミーの定理により，

$$AC \cdot BD = AD \cdot BC + AB \cdot DC$$

$$x \cdot BD = AD \cdot x + x \cdot DC$$

両辺を x で割って，

$$BD = AD + DC$$

よって，与えられた等式は成り立つ。

▎**参考**▎　トレミーの定理の例として，長方形の場合を考える。

長方形は円に内接する四角形である。

長方形の辺の長さを a, b, 対角線の長さを c と

おくと，トレミーの定理により，

$$a^2 + b^2 = c^2$$

となる。

　このようにトレミーの定理を使うことで三平方の定理を証明することができる。

第5章　データの分析

第1節 データの整理と分析

1 度数分布表とヒストグラム

ガイド ある特性を表したものを**変量**といい，調査や実験などから得られた変量の集まりを**データ**という。

　下の表は，2019年9月の大阪市の日別の最高気温を表したものである。このように，データの値の区間を設定し，その区間に入る値の個数を表したものを**度数分布表**という。そして，それをもとにした下の図のような柱状のグラフを**ヒストグラム**という。

　度数分布表で設定される区間を**階級**，区間の幅を**階級の幅**，階級の中央の値を**階級値**，各階級に含まれる値の個数を**度数**といい，度数の全体に占める割合を**相対度数**という。

　また，各階級に対して，度数や相対度数を最初の階級からその階級の値まで合計したものを，それぞれ**累積度数**，**累積相対度数**という。そして，階級の右端を横軸，累積相対度数を縦軸にとり，線分でつないでできる下の図のような折れ線グラフを**累積相対度数折れ線グラフ**という。

階級 (℃)	階級値 (℃)	度数 (日)	累積度数	相対度数	累積相対度数
24〜26 以上　未満	25	2	2	0.07	0.07
26〜28	27	3	5	0.10	0.17
28〜30	29	4	9	0.13	0.30
30〜32	31	8	17	0.27	0.57
32〜34	33	6	23	0.20	0.77
34〜36	35	7	30	0.23	1.00
計		30		1.00	

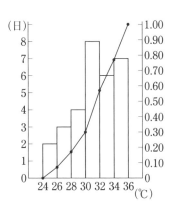

2 データにおける代表値

□ **問1**　次のデータは，2017年と2018年の24か月間の東京都の月別の熊の出没件数である。この24か月間の平均値と中央値を求めよ。

教科書
p.163

	1月	2月	3月	4月	5月	6月	7月	8月	9月	10月	11月	12月
2017年	3	1	1	6	8	9	26	21	10	3	6	5
2018年	0	2	2	6	10	11	12	9	3	2	5	1

ガイド　データの分布の特徴を表す数値を**代表値**といい，平均値，中央値，最頻値などがある。

変量 x のとる値が n 個で，その値が x_1, x_2, ……, x_n であるとき，それらの総和を n で割った値を**平均値**といい，$\bar{x}$ で表す。

ここがポイント

$$\bar{x}=\frac{1}{n}(x_1+x_2+\cdots\cdots+x_n)$$

変量 x の n 個の値を小さい方から順に並べたとき，中央にくる値を**中央値**（メジアン）という。n が偶数のときは中央に2つの値があるが，そのときは，その2つの値の平均値を中央値とする。

解答　平均値 $\bar{x}$ は，

$$\bar{x}=\frac{1}{24}(3+1+1+6+8+9+26+21+10+3+6+5$$
$$+0+2+2+6+10+11+12+9+3+2+5+1)$$
$$=\frac{162}{24}=6.75\,(件)$$

データの値を小さい方から順に並べると，

0, 1, 1, 1, 2, 2, 2, 3, 3, 3, 5, 5, 6, 6, 6, 8, 9, 9, 10, 10, 11, 12, 21, 26

となるから，中央値は12番目の5と13番目の6の平均値で，

$$\frac{5+6}{2}=5.5\,(件)$$

参考　データの値の中で，度数が最も大きい値を**最頻値**（モード）という。最頻値は複数あることもある。

③ データの散らばりと四分位数

☑ **問2**　次のデータは，2000年から2017年までの18年分の，全国高校野球大会の年ごとのホームラン数を小さい順に並べたものである。5数要約を調べ，箱ひげ図をかけ。ただし，外れ値があれば，教科書 p.165 の例2のように表せ。

> 13，24，26，27，29，32，32，33，35，
> 36，37，37，38，43，49，56，60，68

　　　　　　　　　　　　　　　　　　　　　　　　　　(本)

ガイド　データの値を小さい順に並べたとき，4等分する位置にくる3つの値を**四分位数**という。四分位数は，小さい方から順に，**第1四分位数**，**第2四分位数**，**第3四分位数**といい，それぞれ Q_1，Q_2，Q_3 と表す。特に，第2四分位数はデータの中央値である。3つの四分位数と，最小値，最大値の5つの値を**5数要約**という。また，これらを1つの図に示したものが**箱ひげ図**である。箱ひげ図は，Q_1 と Q_3 を両端とする長方形(箱)をかき，中央値で箱の内部に線を引き，最小値と Q_1，Q_3 と最大値を線分(ひげ)で結んだ図である。

最小値　　　Q_1　　　Q_2　　　　　　　Q_3　　　　　最大値
　　　　　第1四分位数　中央値　　　　　第3四分位数

　データの最大値と最小値の差をデータの**範囲**(レンジ)，Q_3 と Q_1 の差を**四分位範囲**といい，データの散らばり具合を計る値として用いられる。また，他の値から極端にかけ離れた値がある場合，それを**外れ値**という。外れ値の目安は，Q_1 から小さい方(または Q_3 から大きい方)へ四分位範囲の1.5倍以上離れていることである。

解答　5数要約は，　最小値13，$Q_1=29$，中央値35.5，$Q_3=43$，最大値68
$(Q_3-Q_1)\times1.5=(43-29)\times1.5=21$ より，　$Q_3+21=64$
　　よって，68は外れ値と考えることができるから，外れ値を除いたデータの中で最も大きな値60をひげの右端にとって箱ひげ図をかく。

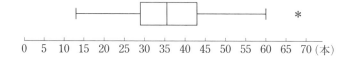

0　5　10　15　20　25　30　35　40　45　50　55　60　65　70(本)

4 分散と標準偏差

☑ **問3**　次のデータは，生徒10人に英語の小テスト（10点満点）を行ったとき
教科書
p.167　の得点である。分散と標準偏差を求めよ。

$$9,\ 5,\ 3,\ 7,\ 6,\ 4,\ 8,\ 5,\ 6,\ 7\ （点）$$

- -

ガイド　変量 x の値を $x_1,\ x_2,\ \cdots\cdots,\ x_n$ とし，その平均値を $\bar{x}$ とするとき，各値と平均値との差 $x_1-\bar{x},\ x_2-\bar{x},\ \cdots\cdots,\ x_n-\bar{x}$ を**偏差**という。これは，それぞれの値が平均値からどのくらい離れているかを表す。

偏差の2乗の平均値を**分散**といい，s^2 で表す。分散は，平均値をもとにしたデータの散らばり具合を表している。

また，分散 s^2 の正の平方根を**標準偏差**といい，s で表す。標準偏差を変量 x の散らばり具合を表す指標として用いることも多い。

分散や標準偏差の値が小さいほど，平均値の近くにデータが集まっていることになる。

> **ここがポイント** 👉 ［分散と標準偏差］
>
> 分散　　$s^2=\dfrac{1}{n}\{(x_1-\bar{x})^2+(x_2-\bar{x})^2+\cdots\cdots+(x_n-\bar{x})^2\}$
>
> 標準偏差　$s=\sqrt{\dfrac{1}{n}\{(x_1-\bar{x})^2+(x_2-\bar{x})^2+\cdots\cdots+(x_n-\bar{x})^2\}}$

解答　得点の平均値 $\bar{x}$ は，

$$\bar{x}=\frac{1}{10}(9+5+3+7+6+4+8+5+6+7)=\frac{60}{10}=6\ （点）$$

であるから，分散 s^2 は，

$$s^2=\frac{1}{10}\{(9-6)^2+(5-6)^2+(3-6)^2+(7-6)^2+(6-6)^2$$
$$+(4-6)^2+(8-6)^2+(5-6)^2+(6-6)^2+(7-6)^2\}$$
$$=3$$

標準偏差 s は，

$$s=\sqrt{3}\ （点）$$

☑ **問 4** 次の関係を用いて，前ページの問3の分散を求めよ。

教科書
p.167
$$s^2 = \overline{x^2} - (\overline{x})^2 = (x^2 \text{ の平均値}) - (x \text{ の平均値})^2$$

ガイド 上の関係は，例えば，データの値は整数であるが，平均値は小数である場合などに有効である。

解答 $(x^2 \text{ の平均値}) = \dfrac{1}{10}(9^2 + 5^2 + 3^2 + 7^2 + 6^2 + 4^2 + 8^2 + 5^2 + 6^2 + 7^2) = 39$

よって，　　$s^2 = 39 - 6^2 = 3$

> **ここがポイント** 🖝
> $$s^2 = \overline{x^2} - (\overline{x})^2 = (x^2 \text{ の平均値}) - (x \text{ の平均値})^2$$

参考 **ここがポイント** 🖝 の公式は，次のようにして示すことができる。

$$s^2 = \frac{1}{n}\{(x_1 - \overline{x})^2 + (x_2 - \overline{x})^2 + \cdots\cdots + (x_n - \overline{x})^2\}$$

$$= \frac{1}{n}\{(x_1{}^2 + x_2{}^2 + \cdots\cdots + x_n{}^2) - 2(x_1 + x_2 + \cdots\cdots + x_n)\overline{x} + n(\overline{x})^2\}$$

$$= \frac{1}{n}(x_1{}^2 + x_2{}^2 + \cdots\cdots + x_n{}^2) - 2 \cdot \frac{1}{n}(x_1 + x_2 + \cdots\cdots + x_n)\overline{x} + (\overline{x})^2$$

ここで，$x_1{}^2$，$x_2{}^2$，$\cdots\cdots$，$x_n{}^2$ の平均値を $\overline{x^2}$ で表すと，

$$s^2 = \overline{x^2} - 2 \cdot \overline{x} \cdot \overline{x} + (\overline{x})^2 = \overline{x^2} - (\overline{x})^2$$

研究〉　変量の変換

問題1　日本のB市における最低気温の11月の平均値は 11.0℃，分散は 5.0
教科書
p.170　であった。また，交流のある外国のC市における最低気温の同じ月の平
均値は 40°F，分散は 15.0 であった。平均値，分散を華氏度にそろえて，
それぞれ大小を比較せよ。

ガイド　変量 x のとる値が n 個で，その値が x_1，x_2，……，x_n であるとき，
それらの平均値を $\bar{x}$，分散を $s_x{}^2$，標準偏差を s_x とする。

　変量 x から a，b を定数として $y=ax+b$ によって新しい変量 y が
得られるとき，y の平均値を $\bar{y}$，分散を $s_y{}^2$，標準偏差を s_y とすると，
次が成り立つ。

$$\bar{y}=a\bar{x}+b, \qquad s_y{}^2=a^2s_x{}^2, \qquad s_y=|a|s_x$$

解答　気温の単位として，摂氏（℃）の他に，華氏（°F）があり，x℃ と
y°F の関係は，$y=1.8x+32$ である。

　B市の最低気温の平均値を華氏度に変換すると，

$$1.8\times10.0+32=50\,(\text{°F})$$

　分散を華氏度に変換すると，　$1.8^2\times5.0=16.2$

　B市とC市を比べると，**B市の方が平均値が高く，分散も大きい。**

問題2　ある5人の身長が次のようなとき，仮平均を 170 cm として平均値を
教科書
p.170　求めよ。

　　173，169，163，176，170　（cm）

ガイド　データの平均値を求めるとき，ある値を仮平均とおいて，各値との
差を求めることで，計算を簡単にすることができる。

　変量 x の平均値 $\bar{x}$ は，仮平均を用いると次のように表される。

　　$\bar{x}$＝（仮平均）＋（データの各値と仮平均との差の平均値）

　この関係は，$y=x+b$ の場合の変量の変換からわかる。

解答　5つの値と仮平均 170 との差の平均値を求めると，

$$\frac{1}{5}\{3+(-1)+(-7)+6+0\}=0.2$$

となるから，平均値は，　$170+0.2=\textbf{170.2\,(cm)}$

5　データの相関と散布図

ガイド　2つの変量 x, y があるデータについて，それらの n 個の値の組
$(x_1,\ y_1),\ (x_2,\ y_2),\ \cdots\cdots,\ (x_n,\ y_n)$
を平面上の点として図に表すと，右のようになる。

このような図を**散布図**といい，データに2つの変量がある場合に，それらの間の関係を調べることができる。

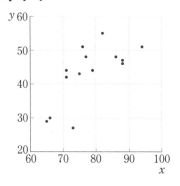

散布図において，x, y の一方が増加すると，他方も増加する傾向があるときは，2つの変量 x と y の間に**正の相関がある**という。逆に，一方が増加すると，他方が減少する傾向があるときは，2つの変量 x と y の間に**負の相関がある**という。どちらの傾向もみられないときは，2つの変量 x と y の間に**相関はない**という。

6　相関係数

問5　次の表は，ある5人の生徒に行った小テスト（各10点満点）の国語の得点 x と数学の得点 y である。x と y の相関係数を求めよ。

教科書
p.175

	A	B	C	D	E
x	7	6	3	9	5
y	10	7	6	4	8

- -

ガイド　2つの変量を x, y として，それら n 個の値を $(x_1,\ y_1)$, $(x_2,\ y_2)$, $\cdots\cdots$, $(x_n,\ y_n)$, それぞれの平均値を $\overline{x}$, $\overline{y}$ で表す。このとき，変量 x, y のそれぞれの偏差の積 $(x_i-\overline{x})(y_i-\overline{y})$ $(i=1,\ 2,\ \cdots\cdots,\ n)$ の平均値を，変量 x と y の**共分散**といい，s_{xy} で表す。

また，共分散 s_{xy} を変量 x の標準偏差 s_x と変量 y の標準偏差 s_y の積で割った値を，変量 x と y の**相関係数**といい，r で表す。相関係数 r は相関の強さを測る指標であり，$-1 \leqq r \leqq 1$ である。

ここがポイント ☞ [相関係数]

$$s_{xy}=\frac{1}{n}\{(x_1-\overline{x})(y_1-\overline{y})+(x_2-\overline{x})(y_2-\overline{y})+\cdots+(x_n-\overline{x})(y_n-\overline{y})\}$$

$$r=\frac{s_{xy}}{s_x s_y}$$

$$=\frac{\dfrac{1}{n}\{(x_1-\overline{x})(y_1-\overline{y})+(x_2-\overline{x})(y_2-\overline{y})+\cdots+(x_n-\overline{x})(y_n-\overline{y})\}}{\sqrt{\dfrac{1}{n}\{(x_1-\overline{x})^2+(x_2-\overline{x})^2+\cdots+(x_n-\overline{x})^2\}}\sqrt{\dfrac{1}{n}\{(y_1-\overline{y})^2+(y_2-\overline{y})^2+\cdots+(y_n-\overline{y})^2\}}}$$

解答▶

	x	y	$x-\overline{x}$	$y-\overline{y}$	$(x-\overline{x})^2$	$(y-\overline{y})^2$	$(x-\overline{x})(y-\overline{y})$
A	7	10	1	3	1	9	3
B	6	7	0	0	0	0	0
C	3	6	-3	-1	9	1	3
D	9	4	3	-3	9	9	-9
E	5	8	-1	1	1	1	-1
計	30	35	0	0	20	20	-4
平均	6	7	0	0	4	4	$-\dfrac{4}{5}$

$\overline{x}$　$\overline{y}$　　　　$s_x{}^2$　$s_y{}^2$　　s_{xy}

$$r=\frac{s_{xy}}{s_x s_y}=\left(-\frac{4}{5}\right)\div(2\times2)$$

$$=-\frac{1}{5}=-0.2$$

ポイント プラス ☞

　一般に，相関係数 r の値と相関について，次のようなことがいえる。

(Ⅰ) r の値が1に近いほど，2つの変量 x と y の正の相関が強い。

(Ⅱ) r の値が -1 に近いほど，2つの変量 x と y の負の相関が強い。

(Ⅲ) r の値が0に近いほど，2つの変量 x と y の相関は弱い。

第5章　データの分析

7 相関と因果

教科書
p.176

□ **問 6** 次のAとBには，調べたら正の相関があった。このとき，AとBの関係について，最も適切なものを①〜④の中から選べ。

① 因果関係　A→B　　　　　　② 因果関係　B→A

③ 共通の要因　$C \begin{smallmatrix} \nearrow A \\ \searrow B \end{smallmatrix}$　　　　④ その他

(1) A：勉強時間が長い，B：成績が良い

(2) A：大気中の二酸化炭素濃度の上昇，B：平均寿命の上昇

(3) A：交番が多い，B：犯罪件数が多い

- -

ガイド 一方が原因でもう一方が結果となるような関係を，**因果関係**という。
　　　AとBに相関がみられるとき，AとBの関係については次のような場合が考えられる。ただし，→ は，原因から結果の流れを表す。

① 因果関係　A→B　　　　　　② 因果関係　B→A

③ 共通の要因　$C \begin{smallmatrix} \nearrow A \\ \searrow B \end{smallmatrix}$　　　　④ その他

解答 (1) 勉強時間が長いことが原因で，成績が良いと考えられる。
　　　　　　よって，　①

(2) 大気中の二酸化炭素濃度の上昇と平均寿命の上昇には因果関係や共通の要因はないと考えられる。
　　　　　　よって，　④

(3) 犯罪件数が多いことが原因で，交番が多いと考えられる。
　　　　　　よって，　②

①，②，③のどれにも該当しなければ④を選ぼう！

8 　データの検証

教科書
p.178 □ **問 7** 　さいころRを 100 回投げたところ，1 の目が 24 回出た。このとき，こ
のさいころRは 1 の目が出やすいと判断してよいか，教科書 p.178 の例
題 1 の表を用いて答えよ。ただし，起こる割合が 5% 以下であればほと
んど起こり得ないと判断するものとする。

- -

ガイド 　あるデータが与えられたとき，仮説を立て，それが妥当かを判定す
る統計的手法を**仮説検定**という。仮説検定では，最初に立てた仮説A
を否定する仮説Bを考える。仮説Bを前提とするとき，与えられたデ
ータが得られる割合が極めて小さければ，仮説Bは否定され，最初の
仮説Aは妥当といえる。そうでなければ，結論を保留する。
　　仮説Aを「1 の目が出やすい」として，それを否定する仮説Bを考
える。

解答 　さいころRの各目の出方に偏りがないと仮定する。
　　このとき，教科書 p.178 の例題 1 の表から，24 回以上 1 の目が出る
割合を求めると，

$$\frac{1}{1000}(15+9+4+2+3+1+1)=\frac{35}{1000}=0.035<0.05$$

となり，ほとんど起こり得ないと判断できる。
　　よって，さいころRは 1 の目が出やすいと**判断するのが妥当である**。

節 末 問 題

☑ **1**

教科書
p.181

次の図1は，それぞれ30個の値をとる2つの変量 x と y についての散布図である。この x，y の箱ひげ図を，次の図2の①〜④の中からそれぞれ答えよ。

図1
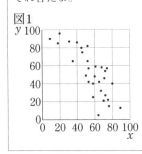

図2
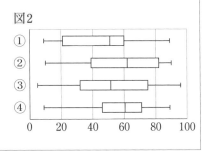

ガイド 値の散らばり具合や，5数要約のいくつかを調べて判断する。

解答 図1より，

x

最小値…約10

第1四分位数…約45

中央値…約60

第3四分位数…約70

最大値…約90

よって，　**x は④**

図1より，

y

最小値…約5

第1四分位数…約30

中央値…約50

第3四分位数…約75

最大値…約95

よって，　**y は③**

2

教科書
p.181

20人について測定した2つの変量 x, y の結果を用いて，x, y の平均値，中央値，相関係数を調べたところ，右の表のようになった。この x と y の散布図を次の①〜③の中から答えよ。

	x	y
平均値	46.8	50.7
中央値	50.5	52.5
相関係数	0.5	

① 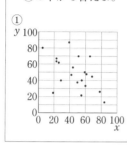　② 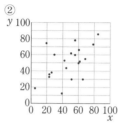　③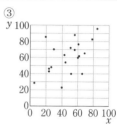

ガイド　消去法で候補をしぼりこむとよい。相関係数が正であることから，散布図の分布のようすが右上がりであるとイメージできる。あとは，中央値から最終的に判断する。

解答　x, y の相関係数が 0.5 であるから，正の相関がある。よって，対応する散布図は②か③のいずれかである。さらに，x の中央値が 50.5，y の中央値が 52.5 であることから，**②**である。

3

教科書
p.181

2つの変量 x, y について，変量 x の平均値が7，分散が4，変量 y の平均値が6，分散が3，変量 x と y の共分散が2であるとき，次の問いに答えよ。

(1)　変量 x と y の相関係数を求めよ。

(2)　次の場合の変量について，それぞれの変量の平均値と分散，それらの変量の共分散および相関係数を求めよ。

　①　変量 x, y の各値に2を加えた変量 x', y'

　②　変量 x, y の各値を2倍した変量 x'', y''

ガイド　(2)　平均値，分散，共分散は，それぞれの定義に戻って考える。もとのデータの各値に同じ数を加えたり掛けたりしても，相関係数の値は変わらない。

第5章
データの分析

解答▶ (1) 変量 x と y の相関係数 r の値は,

$$r = \frac{s_{xy}}{s_x s_y} = \frac{2}{\sqrt{4} \times \sqrt{3}} = \frac{\sqrt{3}}{3} \ (\fallingdotseq 0.58)$$

(2) 変量 x, y のデータの個数をそれぞれ n とし,各データの値を x_1, x_2, …… x_n および y_1, y_2, ……, y_n で表す。

　① 変量 x について,データの各値に 2 を加えたとき,
　　変量 x' **の平均値**は,

$$\frac{1}{n}\{(x_1+2)+(x_2+2)+\cdots\cdots+(x_n+2)\}$$

$$=\frac{1}{n}\{(x_1+x_2+\cdots\cdots+x_n)+n\cdot 2\}$$

$$=\underbrace{\frac{1}{n}(x_1+x_2+\cdots\cdots+x_n)}_{x\text{の平均値}}+2=7+2=\mathbf{9}$$

　　変量 x' の**分散**は,

$$\frac{1}{n}\{(x_1+2-9)^2+(x_2+2-9)^2+\cdots\cdots+(x_n+2-9)^2\}$$

$$=\underbrace{\frac{1}{n}\{(x_1-7)^2+(x_2-7)^2+\cdots\cdots+(x_n-7)^2\}}_{x\text{の分散}}=\mathbf{4}$$

　　同様に,変量 y について,データの各値に 2 を加えたとき,
　　変量 y' **の平均値**は, （y の平均値）$+2=6+2=\mathbf{8}$
　　変量 y' の**分散**は, （y の分散）$=\mathbf{3}$
　　また,変量 x' と y' **の共分散**は,

$$\frac{1}{n}\{(x_1+2-9)(y_1+2-8)+(x_2+2-9)(y_2+2-8)$$
$$+\cdots\cdots+(x_n+2-9)(y_n+2-8)\}$$

$$=\underbrace{\frac{1}{n}\{(x_1-7)(y_1-6)+(x_2-7)(y_2-6)+\cdots\cdots+(x_n-7)(y_n-6)\}}_{x\text{と}y\text{の共分散}}$$

$$=\mathbf{2}$$

　　よって,変量 x' と y' の**相関係数**は,

$$\frac{2}{\sqrt{4}\times\sqrt{3}}=\frac{\sqrt{3}}{3}\ (\fallingdotseq 0.58)$$

② 変量 x について，データの各値を 2 倍したとき，
変量 x'' の**平均値**は，

$$\frac{1}{n}(2x_1+2x_2+\cdots\cdots+2x_n)$$

$$=2\cdot\underbrace{\frac{1}{n}(x_1+x_2+\cdots\cdots+x_n)}_{x\text{の平均値}}=2\cdot7=14$$

変量 x'' の**分散**は，

$$\frac{1}{n}\{(2x_1-14)^2+(2x_2-14)^2+\cdots\cdots+(2x_n-14)^2\}$$

$$=2^2\cdot\underbrace{\frac{1}{n}\{(x_1-7)^2+(x_2-7)^2+\cdots\cdots+(x_n-7)^2\}}_{x\text{の分散}}=4\cdot4=16$$

同様に，変量 y について，データの各値を 2 倍したとき，
変量 y'' の**平均値**は，　$2\times(y\text{の平均値})=2\cdot6=12$
変量 y'' の**分散**は，　$2^2\times(y\text{の分散})=4\cdot3=12$
また，変量 x'' と y'' の**共分散**は，

$$\frac{1}{n}\{(2x_1-14)(2y_1-12)+(2x_2-14)(2y_2-12)$$
$$+\cdots\cdots+(2x_n-14)(2y_n-12)\}$$

$$=2\cdot2\cdot\underbrace{\frac{1}{n}\{(x_1-7)(y_1-6)+(x_2-7)(y_2-6)+\cdots\cdots+(x_n-7)(y_n-6)\}}_{x\text{と}y\text{の共分散}}$$

$$=2\cdot2\cdot2=8$$

よって，変量 x'' と y'' の**相関係数**は，

$$\frac{8}{\sqrt{16}\times\sqrt{12}}=\frac{\sqrt{3}}{3}\ (\fallingdotseq0.58)$$

第2節 統計的探究プロセス

□ 問8　次の図は，教科書 p.184 の例 7 の 44 種類の動物それぞれの合計見学者
教科書
p.185　数とその平均見学時間を子どもと大人に分けて箱ひげ図に表したもので
ある。

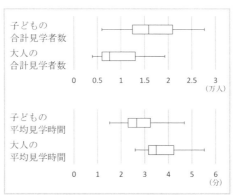

この図から読み取ることができる事柄として正しいものを次の①〜③
の中から1つ選べ。

① 大人の方が子どもより平均見学時間は長い傾向にある。

② 子どもの方が，どの動物もまんべんなく見学し，時間をかけて見学
する傾向にある。

③ 見学する動物の種類も平均見学時間も子どもと比べて大人の方が
散らばり具合が大きい。

- -

ガイド　身のまわりで気づいたことを問題としてとらえ，統計を通して解決
する一連のプロセスを統計的探究プロセスという。

(ⅰ)　問題の発見
⇒(ⅱ)　調査の計画
⇒(ⅲ)　データの収集
⇒(ⅳ)　分析⇒(ⅴ)　結論
⇒(ⅰ)　問題の発見
のサイクルを経ること
で，さらなる課題や活
動全体の改善点を見い
だすことができる。

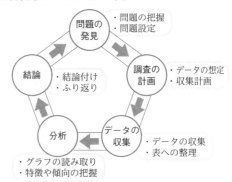

解答　平均見学時間の箱ひげ図より，大人の平均見学時間の方が子どもの
平均見学時間より長い傾向にあることが読み取れるから，①は正しい。
②は箱ひげ図から読み取れる事柄ではない。

合計見学者数の箱ひげ図より，見学する動物の種類は子どもの方が
散らばり具合が大きいと読み取れるから，③は正しくない。

よって，読み取ることができる事柄として正しいものは，　①

□ **問9**　教科書 p.184 の例 7 において，さらに特徴的な動物にしぼって，見学
教科書
p.185 者の子どもと大人の割合とその平均見学時間を調べると，次の表のよう
になった。この表からさらにわかることを述べよ。

動物		ハシビロコウ	タヌキ	ライオン	ゾウ
見学者の割合 (%)	子ども	49	60	54	66
	大人	51	40	46	34
平均見学時間 (分)	子ども	3.63	1.52	2.98	4.06
	大人	5.05	2.64	3.52	5.52

ガイド　上の表と例 7 の散布図から，4 種類の動物に対する子どもと大人の
合計見学者数と平均見学時間の傾向を読み取る。

解答　(例)・表から，合計見学者数について，ゾウは，大人よりも子ども
の割合が大きく，ライオンは同じくらいと読み取れる。例 7 の散布図
から，ゾウとライオンの合計見学者数は同じくらいでハシビロコウや
タヌキよりも多いと読み取れる。よって，4 種類の動物の中で，子ど
もが一番見学しているのはゾウであることがわかる。

(例)・例 7 の散布図から，ハシビロコウとタヌキの合計見学者数は同
じくらいである。表から，タヌキの方がハシビロコウよりも子どもの
割合が大きい。よって，子どもの合計見学者数はタヌキの方がハシビ
ロコウよりも多いことがわかる。

(例)・表から，平均見学時間について，4 種類の動物すべてに対して，
大人の方が時間をかけて見学する傾向にあることがわかる。

⚠️注意　4 種類の動物の中で，ゾウの大人の見学者の割合が一番小さいから
といって，合計見学者数も一番少ないと考えてはいけない。例 7 の散
布図も用いて傾向を読み取る。

章 末 問 題

A

☐ **1.** 　数学の小テスト (10 点満点) の得点について，10 人の生徒のうち，6
教科書 人の平均値が 7，分散が 1 で，残り 4 人の平均値が 8，分散が 2 である
p.186 とき，生徒 10 人全員の平均値と分散を求めよ。

ガイド 　6 人の組と 4 人の組のそれぞれで，平均値と人数の積が各組の得点
の合計となることから，10 人の得点の合計を求める。
　　分散は，$s^2 = \overline{x^2} - (\overline{x})^2$ の公式を用いる。

解答 　10 人の生徒のうち，平均値が 7，分散が 1 の 6 人の得点を x_1, x_2,
……, x_6 とし，平均値が 8，分散が 2 の 4 人の得点を x_7, x_8, x_9, x_{10}
とする。

　生徒 10 人全体の**平均値** $\overline{x}$ は，

$$\overline{x} = \frac{1}{10}(x_1 + x_2 + \cdots\cdots + x_{10})$$

$$= \frac{1}{10}\{(x_1 + x_2 + \cdots\cdots + x_6) + (x_7 + x_8 + x_9 + x_{10})\}$$

$$= \frac{1}{10}(7 \times 6 + 8 \times 4) = \frac{74}{10} = \frac{37}{5} \textbf{(点)}$$

　6 人の組の得点のデータにおいて，分散が 1 より，

$$\frac{1}{6}(x_1{}^2 + x_2{}^2 + \cdots\cdots + x_6{}^2) - 7^2 = 1 \quad \cdots\cdots ①$$

　また，4 人の組の得点のデータにおいて，分散が 2 より，

$$\frac{1}{4}(x_7{}^2 + x_8{}^2 + x_9{}^2 + x_{10}{}^2) - 8^2 = 2 \quad \cdots\cdots ②$$

　①×6 + ②×4 より，　　$6 + 8 = x_1{}^2 + x_2{}^2 + \cdots\cdots + x_{10}{}^2 - 294 - 256$
整理すると，　　$x_1{}^2 + x_2{}^2 + \cdots\cdots + x_{10}{}^2 = 564$
よって，生徒 10 人全体の**分散** s^2 は，

$$s^2 = \frac{1}{10}(x_1{}^2 + x_2{}^2 + \cdots\cdots + x_{10}{}^2) - (\overline{x})^2$$

$$= \frac{564}{10} - \left(\frac{37}{5}\right)^2 = \frac{41}{25}$$

☑ **2.**
教科書
p.186

　ある工場で，レトルトカレーを製造している。1個の重量の平均値は 200 g であるが，具材により多少ばらつきがあり，毎日 50 個を選んで平均重量を計算すると，過去 1 年のデータから右のような相対度数分布になることがわかっている。このとき，次の問いに答えよ。ただし，起こる割合が 5 % 以下であればほとんど起こり得ないと判断するものとする。

階級 (g)	相対度数
197.0〜197.5 以上　　未満	0.03
197.5〜198.0	0.07
198.0〜198.5	0.10
198.5〜199.0	0.12
199.0〜199.5	0.18
199.5〜200.0	0.20
200.0〜200.5	0.10
200.5〜201.0	0.10
201.0〜201.5	0.06
201.5〜202.0	0.02
202.0〜202.5	0.02
計	1.00

(1) ある日，50 個を無作為に選んで重量を測ったところ，その平均値が 201.5 g であった。この日に製造されたレトルトカレーの重量の平均値は 200 g より重いと判断してよいか。

(2) 別の日に，50 個を無作為に選んで重量を測ったところ，その平均値は 200.5 g であった。この日に製造されたレトルトカレーの重量の平均値は 200 g より重いと判断してよいか。

ガイド　仮説検定（仮説 A を「重量の平均値は 200 g より重い」として，それを否定する仮説 B を考える。）を用いて考える。

解答　過去 1 年の相対度数分布に従うものと仮定する。

(1) 表から，重量の平均値が 201.5 g 以上である割合を求めると，
$$0.02 + 0.02 = 0.04 < 0.05$$
となり，ほとんど起こり得ないと判断できる。
　よって，この日は 200 g より重いと**判断するのが妥当である**。

(2) 表から，重量の平均値が 200.5 g 以上である割合を求めると，
$$0.10 + 0.06 + 0.02 + 0.02 = 0.20 > 0.05$$
よって，この日は 200 g より重いとは**判断できない**。

第5章 データの分析

3.
教科書
p.187

ある工場で製造された部品から，無作為抽出した41個の長さを計測したデータがあり，その中の1つが他のものとは明らかに異なる外れ値であることがわかった。このとき，次の①～③の中からこの外れ値についての記述で正しいものを1つ選べ。

① 外れ値が出た原因を調査するとよい。

② 外れ値は分析結果に影響を与えてしまうから，外れ値になった計測値は必ず除外して考えなければならない。

③ データの中に外れ値がある場合，データを代表する値として影響を受けにくいのは，中央値よりも平均値である。

ガイド 外れ値と代表値の関連性について考える。

解答 ① 外れ値が出た原因やその背景を探ることは大切である。

② 平均値や中央値などの代表値を考える場合，必ずしも外れ値を除外して計算し直す必要はない。

③ 外れ値や異常値があるデータについては，平均値より中央値が影響を受けにくい。

よって，正しいのは，　**①**

B

4.
教科書
p.187

ある学校の男子100人と女子100人が，ある試験を受験した。ただし，試験を受ける場所は会場Aと会場Bのどちらかであり，どちらの会場でもこの学校の生徒のみが受験した。会場Aおよび会場Bの男女別の平均点が右の

	男子	女子
会場A	58点	62点
会場B	69点	75点

表のようになったとき，次の問いに答えよ。

(1) 会場Aで男子50人，女子60人が受験しているとき，男子全員，女子全員の平均点を，それぞれ求めよ。

(2) 各会場での受験者数がわからないとき，女子全員の平均点は男子全員の平均点より高いといえるか。また，その理由を述べよ。

ガイド (2) 男子全員の平均点の方が女子全員の平均点より高い場合がないかを考える。

解答▶ (1) **男子全員**の平均点は,

$$\frac{1}{100}\{58\times50+69\times(100-50)\}=63.5\,(点)$$

女子全員の平均点は,

$$\frac{1}{100}\{62\times60+75\times(100-60)\}=67.2\,(点)$$

(2) **いえない。**

（理由）（例）それぞれの会場での男子，女子の受験者数によって，男子全員の平均点の方が高くなる場合も，女子全員の平均点の方が高くなる場合もあり得るから。

☑ **5.**

教科書
p.188

ある高校の生徒100人が，国語と数学のテスト（各100点満点）を受けた。この結果，国語の得点の標準偏差は12.5，数学の得点の標準偏差は16.4，国語と数学の得点の相関係数は0.72であった。このとき，次の問いに答えよ。

(1) 国語と数学の得点の散布図として，次の①〜⑤の中から最も適切なものを1つ選べ。

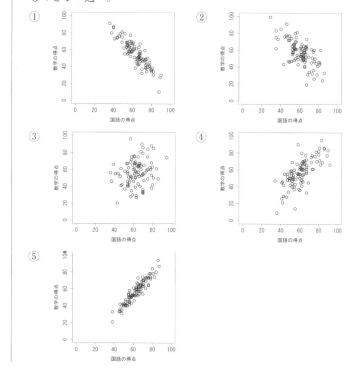

(2) この生徒100人のテスト結果から結論できることとして，次の①〜
③の記述から妥当であるものをすべて選べ。

① 数学の得点と国語の得点に正の相関がある。

② 数学の得点が高いことと国語の得点が高いことに因果関係がある。

③ 数学の得点と国語の得点に相関があるが，それは偶然である。

(3) 国語と数学の得点の共分散はいくらか。次の①〜⑤の中から最も適
切なものを1つ選べ。

① 112.5　　② 147.6　　③ 184.7　　④ 193.7　　⑤ 205.0

(4) 次の記述は，数学の得点のみ2倍にしたときの，標準偏差と共分散
の変化に関するものである。

> すべての生徒について数学の得点のみ2倍にすると，数学の得点
> の標準偏差は(A)。また，国語と数学の得点の共分散は(B)。

(A)と(B)にあてはまるものの組み合わせとして，次の①〜⑤の中から
適切なものを1つ選べ。

① (A) 変わらない　　(B) 変わらない

② (A) 変わらない　　(B) 2倍になる

③ (A) 2倍になる　　(B) 変わらない

④ (A) 2倍になる　　(B) 2倍になる

⑤ (A) 2倍になる　　(B) 4倍になる

ガイド (1) 相関係数の正負と標準偏差に着目する。

(3) $$相関係数 = \frac{(国語と数学の得点の共分散)}{(国語の得点の標準偏差) \times (数学の得点の標準偏差)}$$

より，

(国語と数学の得点の共分散)

＝(国語の得点の標準偏差)×(数学の得点の標準偏差)×相関係数

(4) 標準偏差と共分散の定義から考える。

解答 (1) 国語と数学の得点の相関係数は0.72（正の相関）であるから，
散布図は，③か④か⑤のいずれかである。

⑤は相関が強すぎるから適さない。

また，国語の得点の標準偏差よりも数学の得点の標準偏差の方
が大きく，数学の方が得点の散らばり具合が大きいといえるから，
③も適さない。

よって，　**④**

(2)　①は，国語と数学の得点の相関係数は 0.72 であるから，正の相
　　関があり，妥当である。
　　　②，③は必ずしもそうであるとはいえない。
　　　よって，妥当であるものは，　**①**

(3)　国語の得点の標準偏差を s_j，数学の得点の標準偏差を s_m，相関
　　係数を r とすると，共分散 s_{jm} は，
$$s_{jm}=s_j\times s_m\times r$$
$$=12.5\times16.4\times0.72$$
$$=147.6$$
　　　よって，　**②**

(4)　すべての生徒の数を n，生徒 n 人の数学のもとの得点を x_1, x_2,
　　……，x_n，数学のもとの得点の平均値を $\overline{x}$，生徒 n 人の国語の得
　　点を y_1, y_2, ……, y_n，国語の得点の平均値を $\overline{y}$ とする。
　　　数学の得点を 2 倍したときの数学の得点の標準偏差を s'_m とし，
　　もとの標準偏差を s_m とすると，
$$s'_m=\sqrt{\frac{1}{n}\{(2x_1-2\overline{x})^2+(2x_2-2\overline{x})^2+\cdots\cdots+(2x_n-2\overline{x})^2\}}$$
$$=2\sqrt{\frac{1}{n}\{(x_1-\overline{x})^2+(x_2-\overline{x})^2+\cdots\cdots+(x_n-\overline{x})^2\}}$$
$$=2s_m$$
　　したがって，標準偏差は 2 倍になる。
　　共分散についても同様に，
$$s'_{jm}=\frac{1}{n}\{(2x_1-2\overline{x})(y_1-\overline{y})+(2x_2-2\overline{x})(y_2-\overline{y})+$$
$$\cdots\cdots+(2x_n-2\overline{x})(y_n-\overline{y})\}$$
$$=2\cdot\frac{1}{n}\{(x_1-\overline{x})(y_1-\overline{y})+(x_2-\overline{x})(y_2-\overline{y})+$$
$$\cdots\cdots+(x_n-\overline{x})(y_n-\overline{y})\}$$
$$=2s_{jm}$$
　　したがって，共分散も 2 倍となる。
　　よって，　**④**

□ **6.**
教科書
p.189

　右の図は，ある学校で数学のテスト（100点満点）を2回行ったときの，各回の点数の累積相対度数折れ線グラフである。この図から読み取ることができる事柄として，次のことが正しいかどうかを答えよ。ただし，どちらの平均値も49点である。

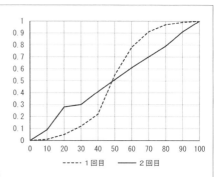

----- 1回目　　——— 2回目

(1)　1回目よりも2回目の方が，第1四分位数は小さいが，第3四分位数は大きい。

(2)　1回目の方が2回目よりも標準偏差は小さい。

ガイド (1)　縦軸（累積相対度数）が0.25（第1四分位数）と0.75（第3四分位数）のときの1回目と2回目のグラフの横軸の数値を比べて判断する。

(2)　標準偏差が小さいほど平均値の近くにデータが集まることから，グラフを読み取って判断する。

解答 (1)　累積相対度数が0.25のときの1回目の点数と2回目の点数を比べると，1回目の点数よりも2回目の点数の方が低い。

　　　したがって，1回目よりも2回目の方が，第1四分位数は小さい。

　　　また，累積相対度数が0.75のときの1回目の点数と2回目の点数を比べると，1回目の点数よりも2回目の点数の方が高い。

　　　したがって，1回目よりも2回目の方が，第3四分位数は大きい。

　　　よって，**正しい**。

(2)　グラフから，1回目の方が2回目よりも平均値の近くにデータが集まっているといえる。

　　　したがって，1回目の方が2回目よりも標準偏差は小さい。

　　　よって，**正しい**。

思 考 力 を 養 う　偏差値とは？　　　　課題学習

□ Q 1

教科書
p.190

　右の表は，ある同じ年に生まれた 10000 人の男女について，8 歳，12 歳，16 歳のときの身長 (cm) の平均値と標準偏差を計算した結果である。

年齢	8 歳	12 歳	16 歳
平均値 (男)	128.3	152.4	170.1
標準偏差 (男)	5.3	7.7	5.8
平均値 (女)	127.6	152.2	157.5
標準偏差 (女)	5.5	5.9	5.4

　身長の分布は，年齢ごとで男女にどのような違いがみられるだろうか。平均値と標準偏差を手がかりに考えてみよう。

- -

ガイド　年齢ごとの身長の散らばり具合について着目する。

解答　(例)

(8 歳のとき)
　身長の平均値は，男子の方が女子よりもわずかに大きいが，標準偏差は男女でほぼ同じで，身長の散らばり具合は男女でほぼ同じである。

(12 歳のとき)
　身長の平均値は，男女でほぼ同じであるが，標準偏差は男子の方が女子よりも大きく，身長の散らばり具合は男子の方が大きい。

(16 歳のとき)
　身長の平均値は，男子の方が女子よりも約 13 cm も大きいが，標準偏差は男女でほぼ同じで，身長の散らばり具合は男女でほぼ同じである。

別解　(例)

　身長の平均値は，8 歳，12 歳のときは，男女で大きな違いはないが，16 歳になると，男子の方が女子よりも約 13 cm も大きくなっている。

　身長の標準偏差は，8 歳，16 歳では，男女で大きな違いはなく，身長の散らばり具合は男女でほぼ同じであるが，12 歳のときには，標準偏差は男子の方が女子よりも大きく，身長の散らばり具合は男子の方が大きくなっている。

第 5 章　データの分析

□Q 2　自分の 8 歳，12 歳，16 歳のときの身長を調べ，自分がこの集団に属していたとして，身長の偏差値がいくらになるか計算してみよう。

教科書
p.190

ガイド　**偏差値**とは，身長などを，平均値が 50，標準偏差が 10 になるように変換したものである。具体的には，次の式で計算する。

$$偏差値 = 50 + \frac{身長 - 平均値}{標準偏差} \times 10$$

解答　（例）

　8 歳…135.6 cm，12 歳…155.7 cm，16 歳…178.9 cm の男子の場合

　8 歳の身長の偏差値は，

$$50 + \frac{135.6 - 128.3}{5.3} \times 10 = 63.77 \cdots\cdots ≒ \mathbf{63.8}$$

　12 歳の身長の偏差値は，

$$50 + \frac{155.7 - 152.4}{7.7} \times 10 = 54.28 \cdots\cdots ≒ \mathbf{54.3}$$

　16 歳の身長の偏差値は，

$$50 + \frac{178.9 - 170.1}{5.8} \times 10 = 65.17 \cdots\cdots ≒ \mathbf{65.2}$$

参考　偏差値は，試験の点数などで用いられることが多い。

　例えば，平均 60 点，標準偏差 10 点の試験で 70 点をとったときは，

$$偏差値 = 50 + \frac{70 - 60}{10} \times 10 = 60$$

　平均 60 点，標準偏差 20 点の試験で 75 点をとったときは，

$$偏差値 = 50 + \frac{75 - 60}{20} \times 10 = 57.5$$

となり，前者の方が後者より点数は低くても，偏差値は高くなる。

巻末広場

思考力をみがく　絶対値とグラフ　　　発展 課題学習

□ **Q 1**　関数 $y=||x|-2|-1$ と関数 $y=|||x|-2|-1|$ のグラフをかいてみよ

教科書
p.192　う。

ガイド　右の関数 $y=||x|-2|$ のグラフを利用して，
関数 $y=||x|-2|-1$ のグラフをかく。

解答　下の図のように，関数 $y=||x|-2|-1$ の
グラフは，右の関数 $y=||x|-2|$ のグラフを
y 軸方向に -1 だけ平行移動したグラフにな
る。

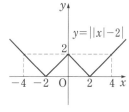

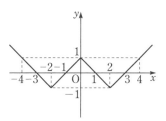

　　　　下の図のように，関数 $y=|||x|-2|-1|$ のグラフは，絶対値の定義
から，上の関数 $y=||x|-2|-1$ のグラフの x 軸より下の部分を上に
折り返したグラフになる。

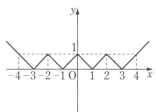

Q 2 グラフが右の図のようになる関数を1つの
教科書
p.193 式で表してみよう。

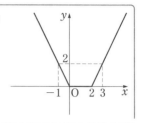

ガイド 右の関数 $y=|x|+|x-2|$ のグラフから
考える。

解答 （例） 上のグラフは，右の関数
$y=|x|+|x-2|$ のグラフを y 軸方向に -2
だけ平行移動したグラフと考えられる。
　　よって，　$y=|x|+|x-2|-2$

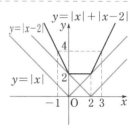

Q 3 関数 $y=\dfrac{|x-2|}{x-2}$ のグラフをかき，それを用いて関数
教科書
p.193 $y=\dfrac{|x|}{x}+\dfrac{|x-2|}{x-2}$ のグラフをかいてみよう。

ガイド 右の関数 $y=\dfrac{|x|}{x}$ のグラフを利用して，
関数 $y=\dfrac{|x-2|}{x-2}$ のグラフをかく。

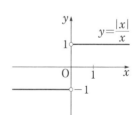

解答 関数 $y=\dfrac{|x-2|}{x-2}$ のグラフは関数 $y=\dfrac{|x|}{x}$ のグラフを x 軸方向に
2 だけ平行移動したグラフと考えられるから，関数 $y=\dfrac{|x-2|}{x-2}$ のグ
ラフは下の図のようになる。

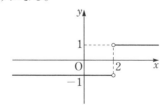

$\dfrac{|x|}{x}+\dfrac{|x-2|}{x-2}$ は，$x>2$ では $1+1=2$，$0<x<2$ では $1-1=0$，

$x<0$ では $-1-1=-2$ であるから，関数 $y=\dfrac{|x|}{x}+\dfrac{|x-2|}{x-2}$ は，定

義域が $x\neq0$，$x\neq2$ であり，グラフは下の図のようになる。

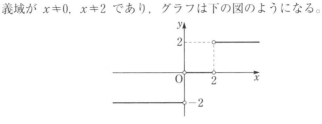

Q 4　グラフが右の図のようになる関数を 1 つの

教科書
p.193　式で表してみよう。

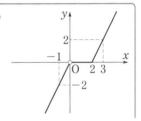

- -

ガイド　右の関数 $y=|x|+|x-2|-2$ のグラフと，

教科書 p.193 の関数 $y=(|x|+1)\dfrac{|x|}{x}$ のグラ

フから考える。

解答　（例）　上のグラフより，定義域は $x\neq0$ で，

$x>0$ では，関数 $y=|x|+|x-2|-2$ の
グラフで，

$x<0$ では，関数 $y=-(|x|+|x-2|-2)$
のグラフである。

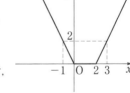

また，$\dfrac{|x|}{x}$ は，$x>0$ では 1，$x<0$ では -1 である。

よって，　$\boldsymbol{y=(|x|+|x-2|-2)\dfrac{|x|}{x}}$

思考力をみがく 三角比と，天体までの距離 〔課題学習〕

☐ Q 1

教科書
p.195

1パーセク，すなわち，年周視差が $\dfrac{1}{3600}$ 度のとき，地球からその天体までの距離 d は何兆 km だろう。

$$d \fallingdotseq \frac{180r}{\pi A} \fallingdotseq \frac{180 \times 1.5\,億}{3.14 \times A} \fallingdotseq \frac{86\,億}{A} \ (km) \ \cdots\cdots ①$$

を用いて計算してみよう。また，それがおよそ 3.26 光年であることを確かめてみよう。

- -

ガイド ①に，$A = \dfrac{1}{3600}$ を代入する。

解答 $d \fallingdotseq \dfrac{86\,億}{A} = 86\,億 \div \dfrac{1}{3600}$

$\qquad = \mathbf{30.96\,兆\,(km)}$

1 光年は約 9.5 兆 km であるから，

$\qquad 30.96 \div 9.5 = 3.258\cdots\cdots \fallingdotseq 3.26\,(光年)$

よって，30.96 兆 km はおよそ 3.26 光年である。

参考 地球は，半径 r が約 1.5 億 km のほぼ円になる軌道を公転しているから，約 3 億 km 離れた 2 地点から天体の方向を測定することができる。実際に測定するのは，年周視差と呼ばれる右の図の角の大きさ $A°$ である。

このとき，地球から測りたい天体までの距離を d とすると，$\sin A° = \dfrac{r}{d}$ より，

$$d = \frac{r}{\sin A°} \ \cdots\cdots ②$$

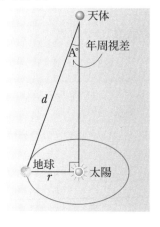

$A°$ が非常に小さいとき，$\quad \sin A° \fallingdotseq \dfrac{\pi A}{180}$

が成り立ち，また，地球の公転半径 r は約 1.5 億 km であるから，これらを②に代入すると，①が得られる。

☑Q 2　現在の観測では，ケンタウルス座 α 星の年周視差は，およそ

教科書 **p.195**　$\left(\dfrac{3}{4}\times\dfrac{1}{3600}\right)$ 度である。これを用いてケンタウルス座 α 星までの距離は何光年か求めてみよう。

ガイド　**Q** 1 を用いて，単位をパーセクにする。

また，1 パーセクはおよそ 3.26 光年である。

解答　$d\fallingdotseq 86\,億\div\left(\dfrac{3}{4}\times\dfrac{1}{3600}\right)=\dfrac{4}{3}\times\left(86\,億\div\dfrac{1}{3600}\right)(\mathrm{km})$

であるから，　$\dfrac{4}{3}$ パーセク

よって，　$3.26\times\dfrac{4}{3}=4.346\cdots\cdots\fallingdotseq\textbf{4.35}$ **(光年)**

参考　年周視差を使って地上から測ることができる天体には，

おおいぬ座 α 星…年周視差はおよそ $\left(\dfrac{3}{8}\times\dfrac{1}{3600}\right)$ 度

はくちょう座 61 番星…年周視差はおよそ $\left(\dfrac{2}{7}\times\dfrac{1}{3600}\right)$ 度

がある。

☑Q 3　地上から測ることができる年周視差は $\left(\dfrac{1}{100}\times\dfrac{1}{3600}\right)$ 度くらいが限界

教科書 **p.195**　とされている。上の方法に基づくと，どのくらい離れた天体までの距離の測定が可能だろうか。単位をパーセクとして求めてみよう。また，銀河系の直径は約 10 万光年とされるが，それと比較してみよう。

ガイド　**Q** 1 を用いて，単位をパーセクにする。

解答　$\mathrm{A}=\dfrac{1}{100}\times\dfrac{1}{3600}$ のとき，①より，

$d\fallingdotseq 86\,億\div\left(\dfrac{1}{100}\times\dfrac{1}{3600}\right)=100\times\left(86\,億\div\dfrac{1}{3600}\right)(\mathrm{km})$

であるから，　**100 パーセク**

100 パーセクは，$3.26\times100=326$ (光年) であるから，銀河系の直径の 10 万光年と比較すると，はるかに小さい。

思|考|力|を|み|が|く 体力測定と相関係数   課題学習

☑ **Q1**   教科書 p.196 のデータについて，50 m 走とシャトルランの散布図を
教科書
p.197   かいてみよう。

───────────────────────────────────────

ガイド 縦軸と横軸の目盛りは，2 つの変量の相関がみやすくなるように工
夫するとよい。

解答▶ 50 m 走の結果を横軸に，シャトルランの結果を縦軸にとると，次の
図のようになる。

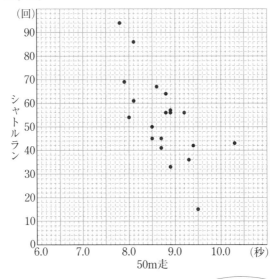

それぞれの軸の種目名と
その記録の単位も，
忘れずに書いておこう。

⚠注意 縦軸と横軸の 1 目盛りの値は，一致していなくてもよい。また，目
盛りが 0 から始まっていなくてもよい。

☑ **Q 2**　50 m 走とシャトルランの相関係数を求めてみよう。

教科書
p.197

ガイド　データの個数が多い場合には，表計算ソフトを利用するとよい。
　　表計算ソフトには，合計を求める計算式「＝SUM(　:　)」や標準偏差を求める計算式「＝STDEVP(　:　)」などが用意されているから，これらを用いてもよい。

解答　表計算ソフトを利用して，50 m 走とシャトルランのデータをまとめると，次の表のようになる。

番号	50 m 走 (秒)	シャトルラン (回)	偏差 (50 m 走)	偏差 (シャトルラン)	偏差の積
1	8.1	61	-0.645	7.5	-4.8375
2	8.9	56	0.155	2.5	0.3875
3	7.9	69	-0.845	15.5	-13.0975
4	8.5	45	-0.245	-8.5	2.0825
5	8.0	54	-0.745	0.5	-0.3725
6	8.6	67	-0.145	13.5	-1.9575
7	8.8	64	0.055	10.5	0.5775
8	7.8	94	-0.945	40.5	-38.2725
9	9.4	42	0.655	-11.5	-7.5325
10	10.3	43	1.555	-10.5	-16.3275
11	8.1	86	-0.645	32.5	-20.9625
12	9.2	56	0.455	2.5	1.1375
13	8.9	57	0.155	3.5	0.5425
14	8.5	50	-0.245	-3.5	0.8575
15	8.9	33	0.155	-20.5	-3.1775
16	9.5	15	0.755	-38.5	-29.0675
17	8.7	45	-0.045	-8.5	0.3825
18	8.7	41	-0.045	-12.5	0.5625
19	9.3	36	0.555	-17.5	-9.7125
20	8.8	56	0.055	2.5	0.1375
合計	174.9	1070	0	0	-138.65
平均値	8.745	53.5	0	0	-6.9325
標準偏差	0.59789213	17.4370296		相関係数	-0.66495849

よって，50 m 走とシャトルランの相関係数は，$r \fallingdotseq -0.66$ となる。

巻末広場

課題学習

☑ **Q 3**
教科書
p.197
教科書 p.196 の表の中から，関連のありそうな 2 種目のデータを選び，散布図をかいてその相関係数を求めてみよう。

ガイド 腕力か脚力か，瞬発力か持久力か，などの観点から，関連のありそうな 2 種目を予想する。

解答▶ 50 m 走と立ち幅跳びは，ともに脚力の瞬発力を必要とするから，これらのデータは関連があると考えられる。

実際に，50 m 走と立ち幅跳びの散布図をかくと，次のようになる。

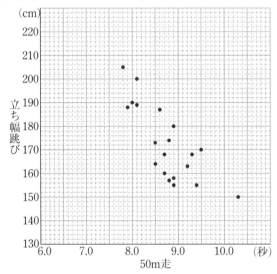

また，50 m 走と立ち幅跳びの相関係数を，表計算ソフトを利用して求めると，$r ≒ -0.78$ となる。

⚠注意 データの値が大きいほどよい記録といえる種目と，データの値が小さいほどよい記録といえる種目があるから，相関係数の値の大小ではなく，相関係数の絶対値の大小により，相関の強弱を判定する。

☑ **Q 4**
教科書
p.197
実際に，いろいろな種目の測定を行って，その相関係数を調べてみよう。

ガイド ・それぞれの種目において，記録はどの位までの概数とするのか。
　　　・記録に平均値を用いる種目では，それぞれ何回だけ測定するのか。
などに注意して，個人でデータのとり方に違いが生じないようにする。

◆ 重要事項・公式

数と式

▶ **指数法則** m, n が正の整数のとき，
$a^m \times a^n = a^{m+n}$, $(a^m)^n = a^{mn}$, $(ab)^n = a^n b^n$

▶ **乗法公式 ↔ 因数分解の公式**
$(a+b)^2 = a^2 + 2ab + b^2$
$(a-b)^2 = a^2 - 2ab + b^2$
$(a+b)(a-b) = a^2 - b^2$
$(x+a)(x+b) = x^2 + (a+b)x + ab$
$(ax+b)(cx+d) = acx^2 + (ad+bc)x + bd$
$(a+b+c)^2 = a^2 + b^2 + c^2 + 2ab + 2bc + 2ca$

▶ **絶対値**
$|a| \geqq 0$
$a \geqq 0$ のとき，$|a| = a$
$a < 0$ のとき，$|a| = -a$

▶ **平方根**
■ $\sqrt{a^2} = |a|$
■ $a > 0$, $b > 0$ のとき，
$\sqrt{a}\sqrt{b} = \sqrt{ab}$, $\dfrac{\sqrt{a}}{\sqrt{b}} = \sqrt{\dfrac{a}{b}}$
■ $k > 0$, $a > 0$ のとき，$\sqrt{k^2 a} = k\sqrt{a}$

▶ **不等式の基本性質**
$a < b$ のとき，$a + c < b + c$, $a - c < b - c$
$a < b$ のとき，
$c > 0$ ならば，$ac < bc$, $\dfrac{a}{c} < \dfrac{b}{c}$
$c < 0$ ならば，$ac > bc$, $\dfrac{a}{c} > \dfrac{b}{c}$

▶ **絶対値を含む方程式・不等式**
$a > 0$ のとき，
方程式 $|x| = a$ の解は，$x = \pm a$
不等式 $|x| < a$ の解は，$-a < x < a$
不等式 $|x| > a$ の解は，$x < -a$, $a < x$

2次関数

▶ **2次関数 $y = a(x-p)^2 + q$ のグラフ**
■ $y = ax^2$ のグラフを，x 軸方向に p，y 軸方向に q だけ平行移動した放物線
■ 軸は直線 $x = p$，頂点は点 (p, q)

▶ **2次関数 $y = ax^2 + bx + c$ のグラフ**
■ $y = ax^2$ のグラフを平行移動した放物線
■ 軸は直線 $x = -\dfrac{b}{2a}$
■ 頂点は点 $\left(-\dfrac{b}{2a}, -\dfrac{b^2 - 4ac}{4a}\right)$
■ $a > 0$ のとき下に凸，$a < 0$ のとき上に凸

▶ **2次関数 $y = a(x-p)^2 + q$ の最大・最小**
$\underline{a > 0 \text{ のとき}}$　$x = p$ で，最小値 q をとり，最大値はない。
$\underline{a < 0 \text{ のとき}}$　$x = p$ で，最大値 q をとり，最小値はない。

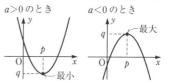

▶ **2次方程式の解の公式**
■ $ax^2 + bx + c = 0$ $(a \neq 0)$ の解は，
$b^2 - 4ac \geqq 0$ のとき，$x = \dfrac{-b \pm \sqrt{b^2 - 4ac}}{2a}$
■ $ax^2 + 2b'x + c = 0$ $(a \neq 0)$ の解は，
$b'^2 - ac \geqq 0$ のとき，$x = \dfrac{-b' \pm \sqrt{b'^2 - ac}}{a}$

▶ **2次方程式 $ax^2 + bx + c = 0$ の解の個数**
判別式を $D = b^2 - 4ac$ とすると，
$D > 0 \iff$ 異なる2つの実数解をもつ
$D = 0 \iff$ 1つの実数解（重解）をもつ
$D < 0 \iff$ 実数解をもたない

▶ **2次関数のグラフとx軸の位置関係**

$y=ax^2+bx+c$ のグラフと x 軸の位置関係は，判別式 $D=b^2-4ac$ の符号で決まる。

$D>0 \Longleftrightarrow$ 異なる2点で交わる
$D=0 \Longleftrightarrow$ 接する
$D<0 \Longleftrightarrow$ 共有点をもたない

▶ **2次不等式の解**

$ax^2+bx+c=0$ の判別式をDとする。

■ $a>0$，$D=b^2-4ac>0$ のとき，
$ax^2+bx+c=0$ の異なる2つの実数解を α，$\beta\,(\alpha<\beta)$ とすると，
$ax^2+bx+c>0$ の解 $x<\alpha$，$\beta<x$
$ax^2+bx+c<0$ の解 $\alpha<x<\beta$
$(x-\alpha)(x-\beta)>0$ の解 $x<\alpha$，$\beta<x$
$(x-\alpha)(x-\beta)<0$ の解 $\alpha<x<\beta$

■ $a>0$，$D=b^2-4ac=0$ のとき，
$ax^2+bx+c=0$ の重解をαとすると，
$ax^2+bx+c>0$ の解
　　　　　α以外のすべての実数
$ax^2+bx+c<0$ の解 ない
$ax^2+bx+c\geqq0$ の解 すべての実数
$ax^2+bx+c\leqq0$ の解 $x=\alpha$

■ $a>0$，$D=b^2-4ac<0$ のとき，
$ax^2+bx+c>0$ の解 すべての実数
$ax^2+bx+c<0$ の解 ない
$ax^2+bx+c\geqq0$ の解 すべての実数
$ax^2+bx+c\leqq0$ の解 ない

集合と命題

▶ **集　合**

$A\subset B\cdots x\in A$ ならば $x\in B$
$A=B\cdots A\subset B$ かつ $B\subset A$
$A\cap B\cdots x\in A$ かつ $x\in B$
$A\cup B\cdots x\in A$ または $x\in B$

▶ **補集合の性質**

$A\cup\overline{A}=U$，$A\cap\overline{A}=\varnothing$，$\overline{\overline{A}}=A$

▶ **ド・モルガンの法則**

$\overline{A\cup B}=\overline{A}\cap\overline{B}$，$\overline{A\cap B}=\overline{A}\cup\overline{B}$

▶ **必要条件と十分条件**

■ 命題「$p\Longrightarrow q$」が真であるとき，
p は，q であるための十分条件
q は，p であるための必要条件

■ 命題「$p\Longleftrightarrow q$」が成り立つとき，
p は，q であるための必要十分条件
　　　　　　　　（p と q は同値）

▶ **ド・モルガンの法則**

$\overline{p\ \text{かつ}\ q}\Longleftrightarrow\overline{p}\ \text{または}\ \overline{q}$
$\overline{p\ \text{または}\ q}\Longleftrightarrow\overline{p}\ \text{かつ}\ \overline{q}$

▶ **命題とその逆，対偶の真偽**

■ 命題「$p\Longrightarrow q$」が真であっても，その逆「$q\Longrightarrow p$」は真であるとは限らない。

■ 命題「$p\Longrightarrow q$」とその対偶「$\overline{q}\Longrightarrow\overline{p}$」の真偽は一致する。

▶ **背理法**

ある命題に対して，その命題が成り立たないと仮定して矛盾が生じることを示すことにより，もとの命題を証明する方法

▶ **「すべて」と「ある」の否定**（発展）

■ 命題「すべてのxについてp」の否定は，「あるxについて$\overline{p}$」

■ 命題「あるxについてp」の否定は，「すべてのxについて$\overline{p}$」

図形と計量

▶ **三角比**

$\sin A=\dfrac{a}{c}$，$a=c\sin A$

$\cos A=\dfrac{b}{c}$，$b=c\cos A$

$\tan A=\dfrac{a}{b}$，$a=b\tan A$

▶**90°−A の三角比**

$\sin(90°−A)=\cos A$

$\cos(90°−A)=\sin A$

$\tan(90°−A)=\dfrac{1}{\tan A}$

▶**0°≦θ≦180° の三角比**

$\sin\theta=\dfrac{y}{r}$

$\cos\theta=\dfrac{x}{r}$

$\tan\theta=\dfrac{y}{x}$

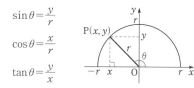

▶**180°−θ の三角比**

$\sin(180°−\theta)=\sin\theta$

$\cos(180°−\theta)=−\cos\theta$

$\tan(180°−\theta)=−\tan\theta$

▶**三角比の相互関係**

$\tan\theta=\dfrac{\sin\theta}{\cos\theta}$

$\sin^2\theta+\cos^2\theta=1$

$1+\tan^2\theta=\dfrac{1}{\cos^2\theta}$

▶**直線の傾きと正接**

直線 $y=mx$ と x 軸の正の向きとのなす角を θ とすると,

$m=\tan\theta$

▶**正弦定理**

△ABC の外接円の半径を R とすると,

$\dfrac{a}{\sin A}=\dfrac{b}{\sin B}=\dfrac{c}{\sin C}=2R$

▶**余弦定理**

$a^2=b^2+c^2−2bc\cos A$

$b^2=c^2+a^2−2ca\cos B$

$c^2=a^2+b^2−2ab\cos C$

$\cos A=\dfrac{b^2+c^2−a^2}{2bc}$

$\cos B=\dfrac{c^2+a^2−b^2}{2ca}$

$\cos C=\dfrac{a^2+b^2−c^2}{2ab}$

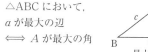

▶**三角形の角の判別**

A が鋭角 $(\cos A>0)$ $\Longleftrightarrow$ $b^2+c^2>a^2$

A が直角 $(\cos A=0)$ $\Longleftrightarrow$ $b^2+c^2=a^2$

A が鈍角 $(\cos A<0)$ $\Longleftrightarrow$ $b^2+c^2<a^2$

▶**三角形の辺と角の大小関係**　最大の角

△ABC において,

a が最大の辺

$\Longleftrightarrow$ A が最大の角

最大の辺

▶**三角形の面積**

△ABC の面積を S とすると,

$S=\dfrac{1}{2}bc\sin A$

$\quad=\dfrac{1}{2}ca\sin B$

$\quad=\dfrac{1}{2}ab\sin C$

▶**三角形の面積と内接円の半径**

△ABC の面積を S, △ABC の内接円の半径を r とするとき,

$S=\dfrac{1}{2}(a+b+c)r$

▶**ヘロンの公式（発展）**

△ABC の面積を S, $s=\dfrac{1}{2}(a+b+c)$ とすると,

$S=\sqrt{s(s−a)(s−b)(s−c)}$

データの分析

▶代表値

- 平均値…データの値の総和をデータの値の個数で割った値
- 中央値…データの値を小さい方から順に並べたとき，中央にくる値
- 最頻値…データの値の中で，度数が最も大きい値

▶四分位数

データの値を小さい順に並べたとき，4等分する位置にくる値。小さい方から順に，第1四分位数，第2四分位数，第3四分位数という。特に，第2四分位数はデータの中央値である。

最小値　Q_1　Q_2　平均値　Q_3　最大値
第1四分位数　中央値　　第3四分位数
　　　　　（第2四分位数）

- 値の個数が偶数 $(4n)$ の場合

最小値　　　　　　　　　　　最大値

第1四分位数　　中央値　第3四分位数　　データの値
　　　　　（第2四分位数）

- 値の個数が偶数 $(4n+2)$ の場合

最小値　　　　　　　　　　　最大値

第1四分位数　中央値　第3四分位数　　データの値
　　　　　（第2四分位数）

- 値の個数が奇数 $(4n+1)$ の場合

最小値　　　　　　　　　　　最大値

第1四分位数　　中央値　　第3四分位数　　データの値
　　　　　（第2四分位数）

- 値の個数が奇数 $(4n+3)$ の場合

最小値　　　　　　　　　　　最大値

第1四分位数　　中央値　　第3四分位数　　データの値
　　　　　（第2四分位数）

▶範囲と四分位範囲

範囲＝最大値－最小値

四分位範囲＝第3四分位数
　　　　　　　　－第1四分位数

外れ値…他の値から極端にかけ離れた値

▶分散と標準偏差

$\bar{x} = \dfrac{1}{n}(x_1 + \cdots\cdots + x_n)$ とする。

- 偏差…データの各値と平均値との差
$x_1 - \bar{x}, \cdots\cdots, x_n - \bar{x}$

- 分散…偏差の2乗の平均値
$s^2 = \dfrac{1}{n}\{(x_1 - \bar{x})^2 + \cdots\cdots + (x_n - \bar{x})^2\}$

- 標準偏差…分散の正の平方根
$s = \sqrt{\dfrac{1}{n}\{(x_1 - \bar{x})^2 + \cdots\cdots + (x_n - \bar{x})^2\}}$

- 分散と平均値の関係
$s^2 = \overline{x^2} - (\bar{x})^2$

▶変量の変換

変量 x，定数 a，b について，$y = ax + b$ のとき，

$\bar{y} = a\bar{x} + b$，$s_y{}^2 = a^2 s_x{}^2$，$s_y = |a|s_x$

▶相関係数

変量 x，y について，

- 共分散…x の偏差と y の偏差の積の平均値
$s_{xy} = \dfrac{1}{n}\{(x_1 - \bar{x})(y_1 - \bar{y}) +$
$\cdots\cdots + (x_n - \bar{x})(y_n - \bar{y})\}$

- 相関係数…共分散を x の標準偏差と y の標準偏差の積で割った値
$r = \dfrac{s_{xy}}{s_x s_y}$

▶仮説検定

あるデータが与えられたとき，仮説を立て，それが妥当かを判定する統計的手法